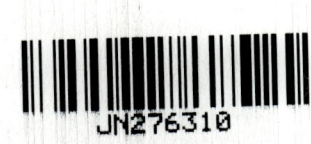

高校数学でわかるマクスウェル方程式

電磁気を学びたい人、学びはじめた人へ

竹内　淳 著

ブルーバックス

●装幀／芦澤泰偉

●扉，目次デザイン／中山康子

●図版／さくら工芸社

まえがき

目に見えない電気や磁気の現象は、現代人にとっても不思議な現象である。まして、直接接する機会が少なかった昔の人々には、大変な驚きをもたらしたことだろう。この謎に満ちた電気と磁気の現象を解明する冒険に、科学者たちが手探りで取り組み始めたのは、今から約250年ほど前のことである。

電気や磁気は、空間を越えて力を及ぼすという不思議な性質を持っている。したがって、その謎解きには多くの研究者の努力を必要とした。この驚異に満ちた分野の研究がほぼ完成を見たのは、今から100年あまり前のことである。イギリスの科学者マクスウェルが、その完成に中心的な役割を果たした。ニュートンが「力学」を築いてから2世紀後のことである。

現代社会では、人々は電気や磁気を利用する様々な機器に取り囲まれ、大きな恩恵をこうむっている。テレビ、コンピューター、携帯電話など文明の利器が私たちの生活を助けてくれている。

しかし意外なことに、多くの人々にとって電気と磁気の世界は今なお謎に満ちた世界のままである。高校で物理を選択した人でも、理解が困難な場合が少なくないだろう。また理工系の大学生にとっても、マクスウェルが完成した電気と磁気の理論はかなり高度な数学を必要とするため、理解できないまま卒業してしまう場合が少なくないようである。まして一般の人々にとっては、最先端の科学技術に取り囲まれた生活を送っていながら、電気や磁気の知識は「2世紀も古いまま」というのが実態ではないだろうか。

本書では、この点を配慮して、広く現代に生きる人たちにその世界を理解してもらえるように、高校レベルの数学の知識で十分マクスウェルの理論を理解できるように試みた。電気と磁気の世界を理解する力があれば、現代社会を生きる上で多くの楽しみをもたらしてくれるだろう。また役にも立つはずである。実社会で電気や磁気と接している方に加えて、高校で物理を学び始めたみなさんや、マクスウェルの方程式の理解に戸惑っている大学生にも、本書はお役に立てることだろう。

本書の第1部は、電気と磁気の秘密を手探りで明らかにしていった人々の活躍を歴史に沿って記した。日本人で最初にエレキに接した平賀源内を、そのスタートにもってきた。また、第2部では、マクスウェルの方程式についてその構造を解説した。電磁気学の知識のまったくない読者が、楽しみながらマクスウェルの方程式にたどりつけるよう配慮したつもりである。

それでは、「エレキの謎を探る旅」に旅立とう！

もくじ

第2部　電磁気学の統合

第3部　旅の終わりに

第1部　エレキの謎を探る旅

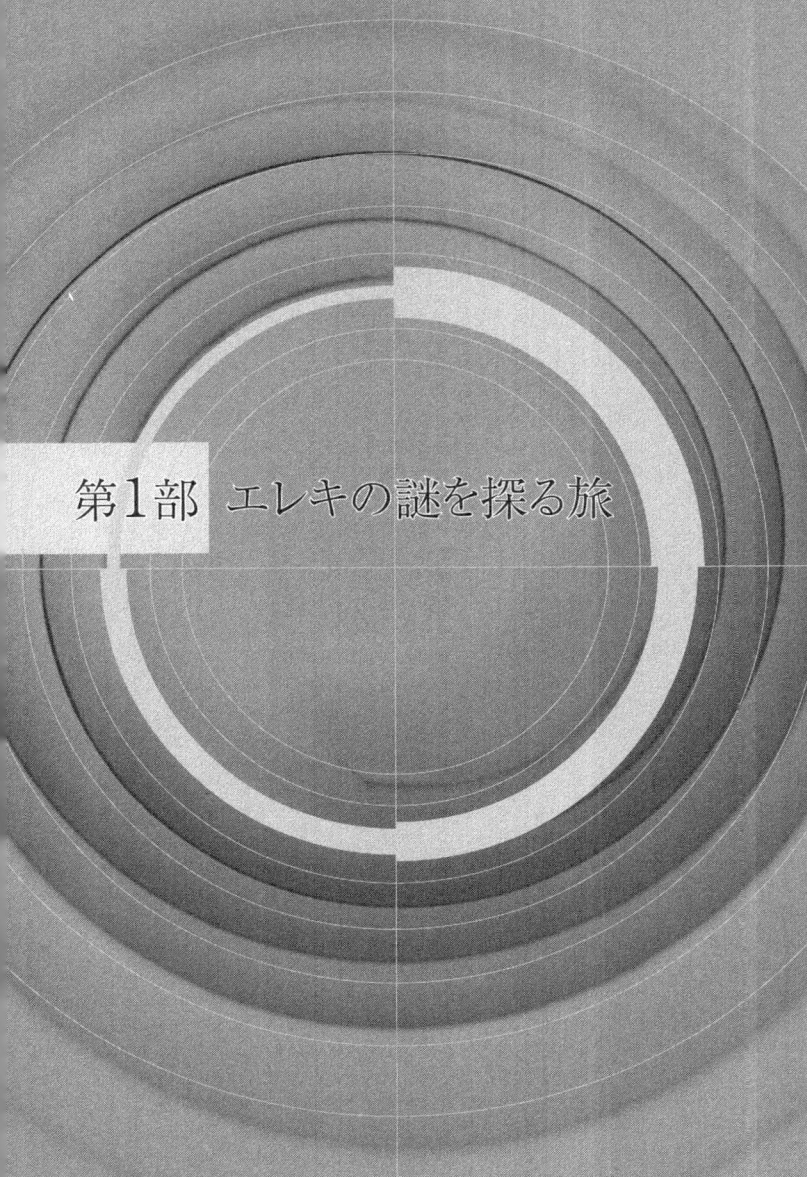

1　平賀源内の挑戦

謎の器械

江戸時代の中ごろの1751年、オランダ人から幕府に奇妙な器械が献上された。その器械は四角い箱でできており、その側面には取っ手が、そして上部にはほぼ垂直に伸びた金属の柄がついていた。オランダ人はぐるぐると取っ手を回した後、「その柄に触ってみてほしい」と言った。

一人の日本人が恐る恐る近づいた。こわごわとその柄に触ろうとすると、指がその柄に触れるまさにその瞬間、ビリッというショックとともに、火花が飛んだ。驚いた男は飛び退き、目をまわす。腰を抜かしそうな男に、オランダ人は通訳を介して答えた。

「それはエレキ……でござります る」

後に「エレキテル」（写真１）と呼ばれるようになったこの謎の器械を、自分で作ろうとした日本人がいた。読者のみなさんもおそらく一度は耳にしたことがあるだろう。その男の名を平賀源内（1728～1779年）という（写真２）。江戸幕府は家康以来の伝統で、新しい発明や工夫を歓迎しなかった。源内は、そういう時代に光彩をはなった才人である。

源内は四国の讃岐（香川県）に生まれ、24歳のころに長崎に留学した。エレキテルが幕府に献上された翌年だった。当時は、幕府による鎖国政策により、ヨーロッパから

写真1　平賀源内の作ったエレキテル（逓信総合博物館蔵）

はオランダ船のみが長崎への寄港を許されていた。したがって、長崎は西洋の文明と接触できる唯一の窓口だった。

長崎はオランダ人より少し早く日本に来たポルトガル人が見つけた天然の良港である。大きな船が進入できる深い入り江が切り込んでいて、そのまわりを小高い丘が取り囲んでいる。源内は長崎でオランダの学問（蘭学）に接する機会を得て、世界への目を開く貴重な日々をすごした。

江戸幕府の鎖国政策は、８代将軍吉宗が1720年に蛮書解禁令を出してから、西洋文明への扉を再び少しずつ開くようになる。蛮書とは西洋の書物のことだが、このとき許可されたのは中国語に翻訳された本だけだった。もちろん、鎖国の原因の１つになったキリスト教関係の書物は許されていない。

しかし、宗教以外の分野ではさらに開放が進み、1744年にはオランダ語で書かれた書物の翻訳が許された。源内が長崎を訪れたのは、蘭学が芽を吹き出し始めたころである。100年以上閉ざされていた鎖国の扉がわずかに開かれ、西洋文明が流れ込み始めたのである。その後の源内の活躍から推しはかると、長崎の坂を駆け上がったり、駆け下りたりしながら、塾や友人知己の間を飛び跳ねるようにして学問に没頭したことだろう。

写真2　平賀源内

源内が長崎留学を終えたのは、４年後の28歳のときである。江戸に移った源内は、その卓抜な才能を発揮した。

まず科学面では、動物や鉱物の展示会を開いたほか、方位磁石や水準器を作っている。また、鉱物を探して山に分け入り、やがて石綿を発見して「火《か》浣《かん》布《ぷ》」と名付けた布を作りだした。火の中に入れても布は燃えず、汚れだけが燃えてきれいになるという布である。

火浣布とは中国の古典に現れる名で、石綿は中国ではかなり昔からその存在が知られていたようだ。しかし、当時の日本人にとっては非常に珍しいものだっただろう。源内はまた、浄瑠璃の台本や戯作（一種の通俗小説）まで作るという才人ぶりで、文科系の才能もすぐれていたようである。

源内の科学面での活躍を見てみると、大急ぎで西洋文明を消化吸収しようとする姿が浮かび上がってくる。おそらく西洋の書物に接したり、オランダ人やその関係者に接しながら、西洋の文明を自分自身の力で再構築しようとしていたのだろう。西洋人が作り上げたものを、自分の力で作ってみたい、そしてその器械が生み出す「不思議」を楽しんでみたい、源内自身のそういう強い好奇心と西洋文明への憧れが彼の活躍の原動力だったに違いない。

もちろん、方位磁石や水準器を作るのは簡単ではなかっただろう。当時の日本の技術力では、つまずきそうになることもたびたびあったに違いない。そんなとき、源内の心の中には、西洋文明に挑戦する気持ちがふつふつと湧いてきたはずである。

その源内の本来の専門は、本草学だった。本草とは、もともとは中国から伝わった薬学である。植物だけでなく、動物や鉱物なども薬の原料にした。このため現在の薬学とはだいぶ異なり、一種の博物学の色彩を帯びていた。薬になりそうなあらゆるものを研究の対象にしたようである。後に源内がエレキテルを病気の治療に使おうとしたのもその現れだろう。

江戸で有名になった源内だが、42歳（1770年）のとき再び長崎に留学した。この時代、源内のような学者でも、まだまだオランダ語の読み書きは困難だった。オランダ語の書物が解禁されてから約30年しかたっておらず、オランダ語が理解できたのは、長崎でオランダ語の通訳と商務を担当していた幕府役人の「和蘭《オランダ》通詞《つうじ》」ら少数の人々だけだったのだ。

当時は、通詞たちも科学の専門用語の多くは理解できない状態であり、オランダ語の文法書もまだなかった。本格的な辞書が登場したのは、この時代からさらに半世紀も後だった。オランダ語の専門書に接しても、源内にはその本文はほとんど理解できず、図をながめながらその中身を推測するのが実態だったと思われる。

源内の友人の杉田玄白《げんぱく》（1733～1817年）と前野良沢《りようたく》（1723～1803年）らが、医学に関するオランダ語の書物『ターヘル・アナトミア』を日本語に翻訳し始めたのが、ちょうどこのころである。杉田玄白たちもオランダ語がほとんど理解できなかった。翻訳に携わった医師たちの中では、前野良沢だけがオランダ語の基礎をかなり理解していたようである。

３年半の苦心惨憺たる努力によって『ターヘル・アナトミア』の日本語版の『解体新書』が世に出たのは、1774年のことだった。『ターヘル・アナトミア』を英語に訳すとTable of Anatomy となり、「解剖学の表」という意味になる。オランダ語がほとんど理解できなかった彼らをこの困難な仕事に導いた原動力は、『ターヘル・アナトミア』の解剖図だった。その解剖図が、彼らが実際に見た刑死した囚人の腑分け（解剖）の内臓の配置と一致していたのである。

当時の日本の医学は中国の医学をもとに築かれていた。日本の医者が考えていた当時の人体の構成図は、実際の腑分けで確認した内臓の配置とはまったく異なっていた。西洋の医学が現実と対応する真実を語っていることに、玄白たちは気づき、そして深い衝撃を受けたのである。『ターヘル・アナトミア』の解剖図だけでなく、その本文が語る真理に近づきたいという強い衝動が起きたのも当然だろう。

オランダ語がわからない源内は、長崎では頻繁に通詞の家に出入りした。しかしオランダ語の壁は高かったようである。そして、そんなとき偶然通詞の家で壊れたエレキテルを見つけた。彼はそれを江戸に持ち帰り、その修復を試みた。もちろん、壊れた部品は自分で作らなければならなかった。源内にとっては、何度目かの西洋文明への挑戦であり、最も困難な闘いになった。

1000年前の先輩

この源内より約1000年前に、同じ讃岐生まれで外の世界への飛翔を夢見て高い文化的な貢献をした人がいる。弘法大師空海（774〜835年）である。時代を超えた２人を比べてみよう。

空海は航海の危険を冒して中国に渡り、中国から密教をもたらした。空海の時代の航海術は未熟で、海を渡るのはまさに命がけだった。東シナ海の藻屑と消えた船も数多く、阿倍仲麻呂のように中国に渡ったまま終生日本に帰れなかった人もいる。804年の空海の中国への渡航の際にも、4隻の船団のうち2隻が沈んでいる。助かったもう1隻に後に比叡山延暦寺を開く最澄（767〜822年）が乗っていた。空海が乗った船も、揚子江沿岸に着くべきところが、はるか南の福建省まで流された。

苦労の末に訪れた当時の長安は世界でもっとも繁栄していた都市で、東アジアだけでなく、アラビアやインドからも人や物が往来していた世界都市だった。空海はそこに2

年間滞在し、密教を始めとして中国の書や文章論などを吸収して日本に持ち帰った。帰国後の空海は嵯峨天皇と親交を深め、真言宗の確立に力を注ぐとともに、宗教面以外の文化面でも日本に大きな影響を及ぼした。

平賀源内の時代には、空海のころに比べて航海術が大幅に進歩していた。オランダ船による日本とヨーロッパの間の往来の方が、空海の時代の遣唐使船による日本と中国の間の往来よりもはるかに安全だった。しかし江戸幕府の鎖国政策のために、日本人は海を越えられなかった。おそらく源内は、可能であればオランダまでも行きたいと思ったに違いない。

「エレキ」の謎がヨーロッパやアメリカで解明されていった時代は、日本の江戸時代の中期から終わりにかけてだった。源内のような優れた才能がヨーロッパに渡ることができていれば日本に大きな進歩をもたらしていたことだろう。科学の目から見ると、日本にとって「鎖国」は極めて愚かな政策だったと言える。

エレキテルの中身

ようやくエレキテルが完成したのは、2度目の長崎留学から帰って6年後のことだった。その苦心のエレキテルの中身を見てみよう（図1）。エレキテルの中身の肝心なところは、回転するガラス管と、それと摩擦する皮と多数の小さな金属のリングである。この皮とガラスの接触面に電気が生じ、金属リングが電気をひろいあげる。

摩擦によって生じるこの電気は、今日**静電気**と呼ばれて

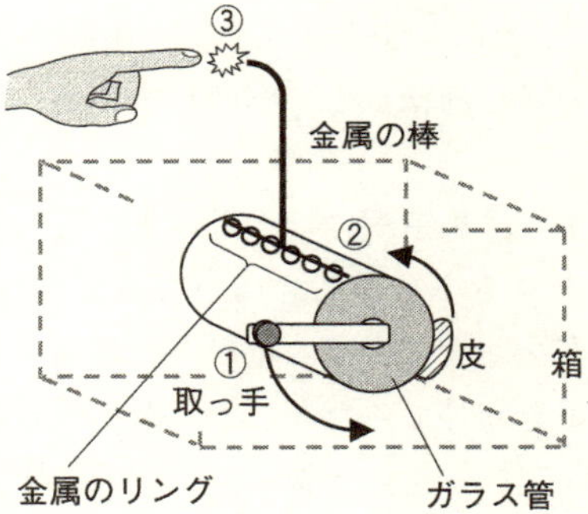

①取っ手を回すと、ガラス管が回転し、
②ガラス管と皮の接触面にエレキ(電気)が生まれ、リングがひろいあげます。
③このエレキは、金属の棒の中に溜まり、この棒に手を近づけると、火花放電が起こってエレキが逃げます。

図1　簡単化したエレキテルの構造図

いる電気である。静というのは、「動」の反対語だが、静電気とは、動かないで溜まる電気のことを指し、ある物質が電気を帯びることを「帯電する」と言う。箱の外側の取っ手をぐるぐる回すと、ガラス管が回転し接触面に電気が生じる。この静電気が金属の棒に溜まる。人間が手を触れようとすると、溜まった静電気が人間の身体に逃げようとして飛び移るため、火花が出るというわけである。

源内にとってもっとも作りにくかったのはガラス管だっただろう。国内では当時ガラスを作る技術は広くは普及しておらず、もちろん庶民にとっては、ガラス製品は高嶺の花だった。長崎の通詞の家でエレキテルがほこりをかぶっていたのも、おそらくガラス管が壊れたからに違いない。

エレキテルは日本で当初、「エレキテリセイリテイ」と呼ばれた。オランダ人が話す elektriciteit（英語の electricity＝電気）がなまったのだろう。エレキテルの原形は、源内より約100年ほど前に発明されている。1663年に完成した器械は、硫黄の球を回転し手で摩擦して帯電させるものだった。

現在、源内のエレキテルは東京駅にほど近い大手町の逓信博物館で、その実物を見ることができる（写真１）。逓信博物館では、復元模型を使って実際に電気を発生させられる。グルグルと取っ手を回してみたところ、数秒の後、かなり大きな火花放電が起こったので驚いた。実際に手を触れてこのショックを体験したならば、相当の衝撃だったはずである。

源内の「エレキテル」は、江戸の人々の間で大いに評判になった。さらにエレキテルのショックを実演するだけではなく、電気を使って病気を治す試みも行われたようである。エレキが不思議なのは、簡単には目にすることができないのに、エレキテルを使えば、火花を起こしたり、そのショックを感じたりできることである。後に、このエレキに「電気」という訳語が与えられたが、「気」という言葉には目に見えない存在であるという意味がある。

人間エレキテル

現在では静電気は非常に身近なものなので、誰もが経験したことがあるだろう。もっとも顕著に現れるのは、例えば化学繊維製のシャツの上に、ウールのセーターを着た場合などで、ウールのセーターを脱ごうとすると、化繊とウールの接触によって、パチパチと静電気の放電が起こる。

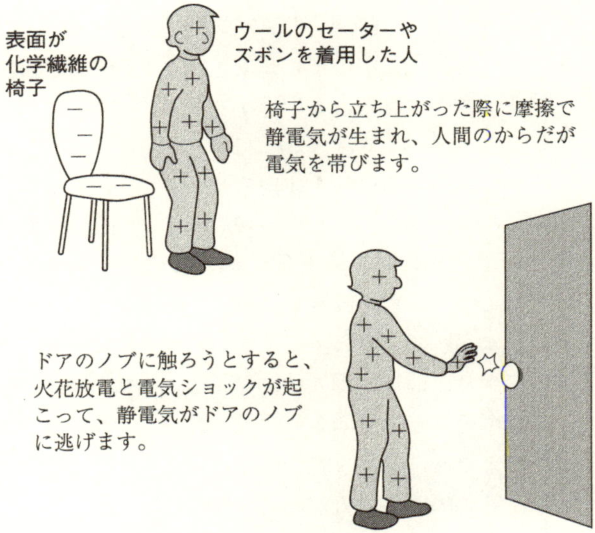
表面が
化学繊維の
椅子
ウールのセーターや
ズボンを着用した人
椅子から立ち上がった際に摩擦で
静電気が生まれ、人間のからだが
電気を帯びます。
ドアのノブに触ろうとすると、
火花放電と電気ショックが起
こって、静電気がドアのノブ
に逃げます。

図2　体に静電気が発生するメカニズム

暗い部屋ではパチパチと光る放電を実際に目で見ることもできる。また、オフィスなどでは、ウールのズボンをはいていて、椅子の表面が化繊である場合には、椅子から立ち上がる際に静電気が生じる。そのまま、ドアのノブに触ると、ドアのノブと指先の間に激しい火花が飛んで放電する場合もしばしばである（図2）。

これらの静電気は、夏にはほとんど体験しないが、冬になるとよく起こる。理由は2つある。1つは、冬になるとセーターのようなウールを着用する機会が増えて、化繊と摩擦する機会が増えること。もう1つは、湿度の違いである。夏は湿度が高いので、人間に電気が溜まっても、湿気

（小さな水の粒子）を通じて身体から逃げていく。水は金属に比べればわずかだが、電気を流したり溜めたりできるので、身体に接触すると、水の粒子が静電気を運び出していく。しかし、冬は空気が乾燥していて湿気が少ないので、人間に静電気が溜まりやすいのである。

ここで見たように、エレキテルの原理は、冬の日にバチッと指先に静電気が飛ぶのと同じ原理である。したがって、バチッという放電を経験したら、自分自身が「人間エレキテル」になっていると考えてよい。ウールと化繊の摩擦によって生じた静電気が人体に溜まる。人体は電気を流すので一種の金属と同じ働きをする。溜まった電気は、金属のノブのような逃げ道を見つけるとそこに向かって流れようとし、その瞬間に放電が起こる。

源内の時代には、化繊はまだ発明されていなかったし、ウールも日常品ではなかった。したがって、人々にとってエレキテルの「静電気」は極めて珍しい体験だった。江戸で評判になったのも当然だろう。

静電気が摩擦によって生じる原理は、源内の時代の後も長い間謎のままだった。その原理が明らかになったのは20世紀に入ってからである。というのも、物質がどのような構造を持っていて、どのような電気的な性質を持っているかを理解できるようになったのは20世紀になってからだからだ。

ガラスや金属や化学繊維などの物質はそれぞれ表面から電気が逃げ出しやすいものと、そうでないものがある。その違いは、物質を構成する原子や原子の並び方に原因がある。電気が逃げ出しやすい物質と逃げ出しにくい物質が接触すると、前者から後者に電気が移動する。接触だけで電気が移動するのであれば、摩擦の必要はないように思われるかもしれないが、実際は物質の表面には小さな凹凸があるので軽く接触させただけでは、物質どうしが接触している面積は小さいのである。

一方の物質からもう一方の物質にどの程度電気が移動するかは、それぞれの物質の電気の逃げやすさの違いによって決まる。したがって、摩擦によって発生させた静電気がこの電気量に達すると、いくら摩擦してもそれ以上の静電気は生じなくなる。

海の向こうのライバル

源内が江戸で活躍していたころ、はるか海の彼方に源内のライバルがいた。それは、まだ開拓の槌音が響くアメリカである。ライバルの名は、ベンジャミン・フランクリン（1706〜1790年）という（写真3）。歴史の授業で聞いたことがあると思うが、アメリカの独立宣言の起草者の一人として有名な政治家である。フランクリンは政治家としてだけではなく、科学者としても優れた業績を残した。この人物の興味深い半生は『フランクリン自伝』（松本慎一、西川正身共訳 岩波文庫）として、ヨーロッパやアメリカ、それに日本でも多くの読者を持っている。彼の人生を少し振り返ってみよう。

フランクリンは十数人の兄弟を持ち、父はロウソクと石鹸の製造業者だった。家計は苦しかったようで、高等教育

写真3　フランクリン

の機会は与えられなかった。10歳で学校をやめ、父のロウソクと石鹸製造業を手伝い始めた。少年時代のフランクリンは、大西洋を渡る船乗りになりたいという夢を持っていた。しかし夢はかなえられるような状況にはなく、12歳から17歳まで、はるかに年長の異母兄が経営する印刷所に修業に出された。そこでの5年間、印刷工としての技能を身につけるために働いた。ところが兄とは折り合いが悪く、苦労が絶えなかったようである。唯一の幸いは、製本所で多くの書物に接する機会を得たということだった。幼いときからの本好きで、わずかな小遣いをはたいて本の購入にあてたという少年に、読書の機会を与えてくれた。

やがて、フランクリンは新天地を求めて、兄の元を離れフィラデルフィアに移った。22歳で印刷所を興すと、持ち前の才気を活かして40歳のころには町を代表する印刷所に発展させていた。フランクリンが、初めてエレキテルを見たのは1746年で、江戸幕府にエレキテルが献上されるわずか5年前のことである。ボストン旅行中に、スペンス博士というイギリス人学者の講義を聴講した。講義の内容はエレキテルを使って実際に実験をしてみせるものだったようである。おそらく電気ショックを経験させたり、火花を飛ばせたりするものであり、少し後に江戸や長崎で披露されたものとほとんど同じ内容だったことだろう。フランクリンはその実験に大変驚き、また大いに興味を持った。

エレキテルは江戸と同じく、植民地のアメリカでも大きな評判になった。この種の公開実験は、ヨーロッパでも頻繁に行われていたに違いない。だからこの当時、エレキテルは日本だけでなく、中国やほかのアジアの国々やアフリカ、南米などにも持ち込まれたのだろう。

日本で確認できるエレキテルの最初の記録は、冒頭に述べた1751年に幕府に献上された例である。実際には、もっと早い時期に長崎に上陸していたと考えてよいだろう。したがって、ヨーロッパから情報や事物が送られてくるスピードは、アメリカと日本でほとんど差がなかったと考えられる。長崎の港までは、世界の文明の潮流が押し寄せていたのである。

しかし、国内の体制は大きく異なっていた。アメリカは当時植民地だったが、後にフランクリンが参加した合衆国独立の過程で明らかになるように、自由と独立、開拓者精神、そして合理性を重んじる精神風土を持つ地域だった。『フランクリン自伝』の中では、フランクリンが合理的な判断に基づいた様々な提言をしながら社会の機構を築き上げていく姿が活き活きと描き出されている。

フランクリンがフィラデルフィアに帰ってまもなく、彼が発起人の一人となって設立した図書館に、イギリス王立協会の会員であるコリンソン（1694～1768年）からエレキテルの実験の説明書とガラス管が寄贈された。ガラス管は、エレキテルの構造で見たように、静電気を生み出すための心臓部分である。フランクリンは、それを使ってエレキテルを組み上げると電気の実験を始めた。

当時、ヨーロッパでも、電気についてほとんど何もわかっていなかった。フランクリンは電気は1種類の目に見えない媒質からできており、それが金属やガラスなどの物質に宿ったり、物質間を移動できると考えた。そして物質が帯びる電気の量が多いときには**プラス**（正）になり、少ないときには**マイナス**（負）になると考えた。また、火花放電は、多くの電気を帯びた物質から少ない物質に電気が移動するときに起こると考えた。当時、２つの物体を摩擦させて電気を帯びさせるとき、次のような序列があることがよく知られていた。

毛皮　羽毛　ガラス　絹　人間　金属　硫黄

この中の２つの物質の間隔が大きいほど、多くの電気を帯びさせられる。フランクリンはこの中の２つの物体を摩擦させたとき、左側の物質ほどプラスに帯電し、右側の物質ほどマイナスに帯電しやすいと考えた。すなわち、右側の物質から左側の物質に電気が移動すると考えたのである。今日の電気のプラスとマイナスは、このようにフランクリンが決めた。

フランクリンはさらに思考を進めて、雷もまた電気の一種ではないかという着想を得た。エレキテルによって生み出される電気の火花と、雷の光が同じものではないかと考えたのである。だとすると、雷雲の中には、大きな電気が溜まっているはずだと推測できる。フランクリンは電気に関する論文をまとめて、イギリスの学士院に送った。

フランクリンが送った論文は、本国のイギリスでは当初まったく関心を持たれなかった。雷が電気であるという論文は、イギリスの学士院で読み上げられたそうだが、一笑に付されて終わったそうである。イギリス本国の多くの学者たちは、植民地アメリカのしかも無名のアマチュア研究者からの報告を無視したのだ。

しかし、ただ一人、フォザギル博士（1712～1780年）はその重要性に気づき、コリンソンに論文として出版するよう勧めてくれた。印刷された論文はドーバー海峡を渡り、フランスの学者の注目を集めるようになる。フランスではイギリスと違って彼の学説は無視されず、逆に強い支持者と反対者を生んで大きな論争が巻き起こった。そんな中で、フランスの二人の研究者はフランクリンの論文中の提案にしたがって、パリ近郊で雲の中から電気を取り出すことに成功した。1749年のできごとだった。

これはフランスで「フィラデルフィアの実験」と名づけられて有名になった。フランクリン自身も後に自分で試みて成功している。有名な凧の実験である（図3）。凧を、雷雨の中で揚げる。手元側の凧糸に金具をつけておく。雷雲に向けて高く凧を揚げた後、凧糸の金具に触ろうとすると火花放電が起こった。これは、雲の中に溜まっていた電気が凧糸を通じて金具のところまで伝わってきた証拠である。つまり、雷雲では電気が発生することが実証されたの

フランクリンは、雷雲のそばに揚げた凧が帯電することを実証し、雷が電気であることを明らかにしました。

避雷針は、落雷の大きな電流を、建物を回避して地中に逃がします。

図3　フランクリンの実験と避雷針

である。この雷雲の中に溜まっている電気の量が大きくなると、電気は逃げ道を求めて、雷雲から地上に向かって放電するはずで、それが雷であると考えられる。

フランクリンの実験を検証してみると、よく雷で死ななかったものだと変な意味で感心する。おそらくフランクリン自身は凧に雷が落ちるほど危険な状況では、凧を揚げなかったのだろう。雷雨ではあっても、雷がずっと遠くで光っているような状況で実験したと思われる。

我々が日常体験する静電気による火花放電は、1ミリから数ミリ程度の間隙を飛ぶ放電である。それに比べて雷は地上数百メートルの雷雲から地上に向かって放電するわけだから、相当大きな電気によるものである。凧糸の手元の金具での火花放電を確認する程度の電気であれば、雷雲にそれほど凧を近づけなくても検出できるだろう。このフィラデルフィアの実験が危険な実験であることは確かで、フランクリンとほとんど同じ実験をして落雷で命を落とした科学者もいたようである。もちろん読者のみなさんは絶対にまねをしないようにしよう。

雷が電気であるという認識は、人間の自然に対する迷信を１つ取り除くことになった。科学の大きな役割の１つは人間の思考から迷信を取り除き、合理的に問題を解決する思考方法を与えることである。日本にも「地震、雷、火事、親父」という怖いものを代表する言葉があるが、古代より落雷は、洋の東西を問わず大きな恐怖の１つだった。雷が電気であるのであれば、電気を逃がす道筋を作ってやればよいということになる。

フランクリンは雷を避けるための避雷針を発明した。これは、空中に先の尖った金属の棒を向け、反対の一端を地中に埋めたものである。

雷は雲の中の氷の粒がこすれあって発生した電気が、地表に向かって火花放電を起こすという現象である。指先とドアのノブの間の放電を思い出してもらえばわかるように、指とノブのもっとも近い部分で放電は起こる。避雷針の先端を建物の上に設置すれば、雷は建物よりも避雷針に落ち易いので、建物は落雷から免れることになる。もちろんその際大量の電気が避雷針を流れるので、電気を流す金属線はそれに耐えうるだけの太いものである必要がある。雷雲で発生した電気は、避雷針を通じて地中に流れることになるが、私たちの身のまわりで電気を溜めることのできる最大の入れ物は地球（アース）である。

フランクリンがフランスで多大な名声を得ているという噂《うわさ》を聞いて、イギリス本国でも類似の実験が行われた。類似の実験とは、凧ではなく避雷針の実験だったようである。その結果、雷が電気であることがイギリスでも認められた。フランクリンの評価は飛躍的に高まり、まもなくイギリス王立協会の会員に推薦され、そのうえ賞までもらい、加えて植民地アメリカではハーバード大学から修士号を贈られた。無名のアマチュア研究家は一躍有名人となり、フランクリンは得意満面だったようである。

電気の「電」は「かみなり」を表す。雷が電気であるというフランクリンの発見から、１世紀以上後の明治時代につけられた訳語である。一方、英語のエレクトリシティは、ギリシア語の琥珀《こはく》を意味する言葉「エレクトロン」に由来している。

琥珀を摩擦すると、チリなどを引きつけることが古代ギリシアの時代から知られていた。当時の人々はこの不思議な現象を、霊の力によるものだと考えていた。英語と日本語のどちらの語源も「静電気」に関係しているが、「琥珀」と「雷」、どちらも昔の人々にとって身近であって、そして謎に満ちた現象だったのだろう。

文明の最先端

平賀源内のエレキテルは、その時期、世界文明の最先端と肩を並べていた。しかし、その後のエレキテルの役割は日本と欧米では大きく異なった。日本国内ではエレキテルは興味本位に取り上げられるにとどまった。源内がエレキテルを完成させた後、わずか3年でこの世を去ったこともその理由の1つである。

源内は51歳のとき、知人と争って死亡させるという事件を起こした。その結果、源内は捕らえられ、獄死している。もっとも、源内は獄死したのではなく、時の老中、田沼意次に密かに助け出されたという伝説も存在する。源義経が奥州の平泉から追っ手をまいて逃げ切ったという伝説があるように、その種の伝説が存在すること自体が、この才人の早すぎる死を惜しむ気持ちを表している。平賀源内の挑戦は、200年以上を経た今でも科学に携わる日本人に勇気と元気を与えてくれる。

源内の没後、1786年に田沼意次が失脚した。賄賂《わいろ》によって悪名高い老中だが、一方で吉宗の時代に芽を出した蘭学が、ようやく花を咲かせ始めたのが田沼意次の時代だった。源内の活躍や杉田玄白らによる『解体新書』の登場は、その代表的な例である。しかし、1787年に松平定信による寛政の改革が始まると、贅沢の禁止や出版や思想の統制があり、日本の科学の進歩も一頓挫した。

源内のエレキテルは、その時代の人々にすぐに役立つ道具ではなかった。同時代の人々の目から見れば、たんなる遊びに見えたことだろう。科学の進歩を支えるには、一見遊びのようにも見える「科学」を許容する経済的な余裕と、新しい概念を許容する思考上の自由が社会に要求される。

一方、フランクリンを始めとする欧米の研究者には、この２つが日本よりもはるかに恵まれていた。このため研究活動に従事する人材と学界が育っていたのである。一人、源内だけが突出していた当時の日本との違いは、ここにある。彼らはエレキテルを実験装置として活用し、多くの研究者の間で知識を交換し合いながら、電気現象のベールを剝がしていった。アメリカ、イギリス、そしてフランスという流れを追っていくと、当時の欧米が、科学に関しては一つの文明圏だったことがわかる。

この研究者間の連携は、すぐ後に起こるアメリカの独立戦争やフランス革命の政治的混乱を乗り越えて維持された。エレキテルを使えば、金属やほかの物体に自由に電気を帯びさせられる。その帯電した物体がどのような性質を持つかを調べれば、電気についての知識を得ることができる。

次の章では、エレキテルを使って電気に関する重要な法則を導き出した、クーロンを見てみよう。

2　クーロンの秘密兵器

琥珀の不思議な力

エレキテルによって、いろいろな物体に電気を帯びさせることができるようになったことで、電気の性質の研究が活発になった。火花放電や電気ショックのほかに、古代のギリシア人が琥珀を摩擦したときに見つけた「チリを引きつける力」も、静電気が生み出す不思議な現象の１つである。

エレキテルを使えば、いろいろな物体を簡単に帯電させられる。帯電させた２つの物体の間に働く力を調べると、帯電のさせ方によって、引き合う力が働く場合だけでなく、引き離す力があることがわかった。そして、引き合うのはそれぞれの物体にプラスとマイナスの電気を帯びさせた場合であり、プラスどうしやマイナスどうしの電気を帯びさせた場合には反発することがわかった。

この実験は私たちにも簡単にできる。最も単純な実験では、髪の毛とポリエチレンを使う。ポリエチレンというのは、スーパーマーケットの袋によく使われている。髪の毛を１本指先でつまんで、ポリエチレンでしごいてみよう。ポリエチレンと髪の毛を離すと、髪の毛の先端がポリエチレンに引きつけられるのがわかる（図４）。したがって、この場合にはポリエチレンと髪の毛の間に引き合う力、すなわち**引力**が働いていることがわかる。

さらにしごく回数を増やすと、髪の毛のまがりぐあいなどで、引き合う力が強くなっていく様子もわかる。髪の毛が細いほど大きく曲がるので、この引力をはっきり観察することができる。もっとも、この実験では、夏よりも湿度の低い冬の方がはっきりとこの効果を見ることができるだろう。

では次に、髪の毛を２本用意してみよう。髪の毛２本をセロハンテープなどにそろえてはりつけてみよう。この髪の毛を、２本同時にポリエチレンでしごいてみるのである。そして髪の毛の様子を観察してみよう。すると、髪の

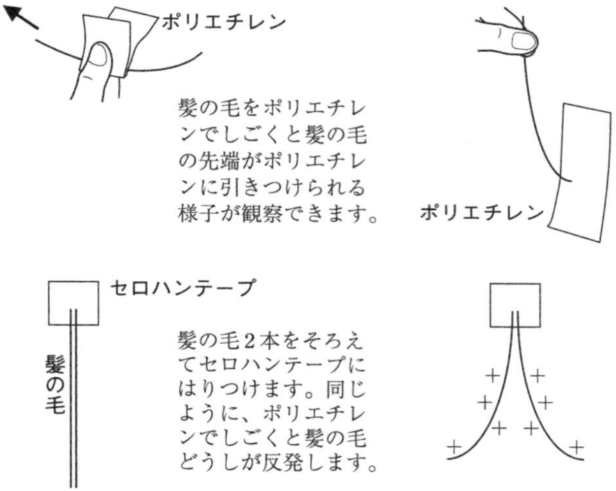
ポリエチレン
髪の毛をポリエチレンでしごくと髪の毛の先端がポリエチレンに引きつけられる様子が観察できます。
ポリエチレン
セロハンテープ
髪の毛
髪の毛2本をそろえてセロハンテープにはりつけます。同じように、ポリエチレンでしごくと髪の毛どうしが反発します。

図4　髪の毛でクーロン力を実感してみよう

毛がお互いに離れる様子を見ることができる。

この場合は、どちらの髪の毛もポリエチレンとこすり合わせたので、両方の髪の毛に同じ電気が宿っているはずである。したがって、同じ種類の電気を帯びた髪の毛は離れあうという関係があることがわかる。この離れあう力のことを**斥力**《せきりょく》と呼ぶ。一方、この２本の髪の毛を先ほどのポリエチレンに近づけると、髪の毛をポリエチレンに引きつける引力が働いているのを観察できる。

したがって、同じ種類の電気、すなわち、プラスとプラスの場合や、マイナスとマイナスの場合は斥力が働き、異なる種類の電気であるプラスとマイナスの間には引力が働くことになる。このように電気を帯びた物体どうしに働く力は比較的簡単に目にすることができる。

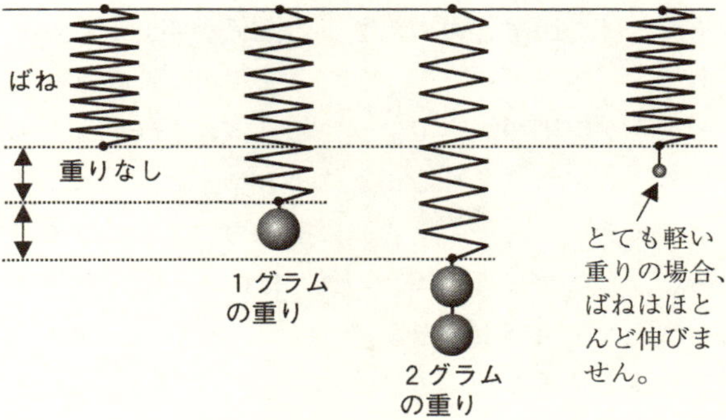

重さが2倍になるとばねの伸びも2倍になります。この比例関係が成り立つので、長さの変化を測れば、重さがわかります。しかし、引っ張る力がとても弱ければ、ばねはほとんど伸びないので、ばねばかりで測るのは困難です。

図5　ばねばかりの原理

それでは、この引力や斥力の大きさは、どのような関係で表されるのだろうか。

この力を測るには、小さな力に反応する〝はかり〟が必要である。ところが当時よく使われていたばねばかりでは、この力を測るのは不可能だった。

最も簡単なばねばかりの模型は、図5のようなものである。ばねの伸びは、「加えられた力に比例する」という関係がある。2キロの重りをぶらさげた場合のばねの伸びは、1キロの重りをぶらさげた場合の伸びの2倍になる。このばねばかりにプラスに帯電した物体をつるし、この真下からマイナスに帯電した物体を近づければ、引力が働き、ばねが伸びるはずである。この伸びた長さから引力の大きさがわかるはずである。また、そのときの物体間の距離を測れば、距離と力の大きさの関係が明らかになるはずである。

ところが実際の測定では、この「ばね」が問題だった。2つの物体を帯電させることによって生じる力は、先ほどのポリエチレンと髪の毛の間に働く力のようにかなり微弱である。したがって、ばねの長さはほとんど変化せず、精密な測定は不可能だった。エレキテルを使ってある物体とある物体を帯電させても、それらの間に働く力は小さすぎて正確に測れなかったのである。

この微小な力を測ったのはフランスの科学者クーロン（1736～1806年）だった。このため、後にこの力は**クーロン力**と呼ばれるようになった。クーロンは比較的裕福な家庭に生まれ、高等教育をうける機会に恵まれた。24歳のときに、軍の技術将校になり、28歳から36歳までの8年間を西インド諸島のマルティニク島で建設事業に従事した。西インド諸島というと、インドの西側にある島のような気がするが、実際はアメリカの東側にある島で、正確にはフロリダ半島の東南の大西洋上にある。コロンブスが、アメリカ大陸を発見したとき、当初そこをインドだと勘違いしたので、生まれた名前である。

この8年間の暮らしで健康を害したクーロンはフランスに戻り、科学の研究に従事した。最初の有名な仕事は、摩擦の法則の発見で43歳のときの仕事だった。ニュートン力学が登場してから約100年後になって、ようやく摩擦を定量的に取り扱える（摩擦という現象を数式を使って取り扱える）ようになった。

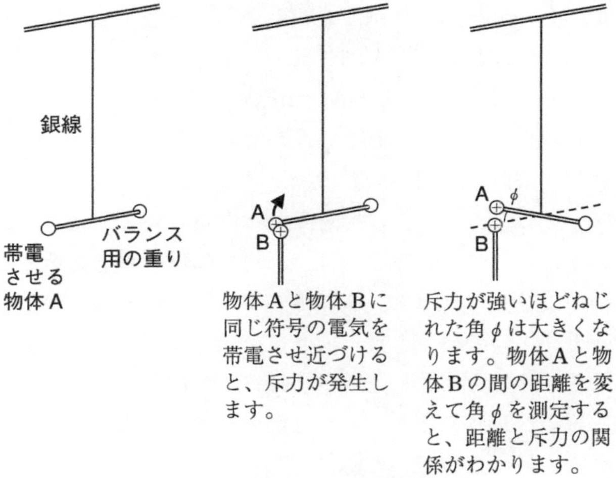
銀線
帯電
させる
物体A
バランス
用の重り
A
B
物体Aと物体Bに同じ符号の電気を帯電させ近づけると、斥力が発生します。
A
φ
B
斥力が強いほどねじれた角φは大きくなります。物体Aと物体Bの間の距離を変えて角φを測定すると、距離と斥力の関係がわかります。

図6　ねじりばかりの原理

その後、微小な力を測る研究にとりかかったクーロンは、1784年にある秘密兵器を発明した。「ねじりばかり」と呼ばれる装置である。ねじりばかりは、まっすぐにたらした銀線（銀でできた針金）のねじれを使う。これは微小な力を測るのに最適の装置だった（図６）。

ねじりばかりの特徴を見てみよう。クーロンは、「ばね」のかわりに銀線の「ねじれ」を利用することにした。例えば、「ヨーヨー」をたらしてみると、小さな力を加えるだけで、紐は簡単にねじれる。ヨーヨーで遊んでいるうちに紐がねじれてしまって困ったという経験のある方もいるだろう。銀線はヨーヨーの糸よりはねじれにくいのだが、普通のばねよりははるかに小さな力でねじれる。そしてきわめて都合のいいことには、そのねじれる角度の大きさは、ねじる力の大きさに比例することがわかった。ばねばかりの場合は、ばねの伸びを測れば力の大きさがわかるわけだが、ねじりばかりの場合は、銀線がねじれた角度を測れば、力の大きさがわかるというわけだ。

ねじりばかりの組み立てでは、まず銀線をまっすぐにたらす。そして、その先に棒をとりつける。棒の一端には、電気を帯びさせる物体をつけ、反対側にはバランスをとるための重りをつける。この物体のすぐそばに電気を帯びさせるもう1つの物体を持ってきて、両方に同じ電気を帯びさせる。すると2つの物体の間に斥力が働いて距離が開き、銀線がねじれる。このねじれの角度から力の大きさを求めるという方法である。

クーロンはこのはかりを使って、エレキテルで帯電させた2つの物体の間の距離とクーロン力の間に、どのような関係が成り立つのか調べた。その結果、**クーロン力が距離の2乗に反比例する**という結論を得た。つまり

$$力=\frac{ある定数}{(距離)^2}$$

というわけである。この関係は、もう気づいた方もいると思うが、万有引力の関係とよく似ている。

万有引力がどのような数式で表現できるかは、この時代より約100年前の1684年にイギリスのアイザック・ニュートン（1643〜1727年）が解明していた。ニュートンより前の時代に、ヨハネス・ケプラー（1571〜1630年）によって

惑星の公転軌道（惑星が太陽のまわりを回る軌道）が楕円であり、惑星の動く速度にいくつかの法則（ケプラーの法則と呼ばれている）があることが明らかにされていた。ニュートンは、太陽と惑星の間に距離の2乗に反比例する万有引力が働くと考えれば、ケプラーが発見した法則をすべて説明できることに気づいたのである。

クーロンがこの実験を行った当時、万有引力との類推から、クーロン力も距離の2乗に反比例するのではないかと予測されていた。空間的に離れた2つの物体の間に働く力は、万有引力しか知られていなかったので、それと似た関係が成り立つのではないかと予測されていたのである。

ここで、万有引力の関係を見てみよう。次のような形をしている。

万有引力の大きさ

＝－ある係数 G ×物体Aの質量（M_A）

×物体Bの質量（M_B）÷距離の2乗

$$= -G\frac{M_A M_B}{r^2}$$

万有引力の場合は、分数の分子に質量 M_A や M_B が載っている。この類推から、万有引力の**質量**に相当するものがクーロン力にもあると予想できる。そこで、これを電気の量を表すものであると考えて、**電荷**と名付けることにした。漢字の意味では「電気の荷物」で、物理学では普通この量を表すのに q を用いる。したがって、クーロン力を表

す式の分子には電荷が載って

クーロン力

＝ある係数 k ×物体Aの電荷 q_A ×物体Bの電荷 q_B

÷距離 r の２乗

$$=k\frac{q_A q_B}{r^2}$$

となる。

例えば、先ほどの髪の毛２本を同時にポリエチレンでこする実験を思い出してみてほしい。１回こすった場合より２回こすった場合の方が、２本の髪の毛の間の距離は大きくなったはずである。これは２回こすった方が、髪の毛に溜まった電荷が大きくなって強い力が働くからである。また、１本の髪の毛をポリエチレンでこする実験においても、１回より２回こすった方が、髪の毛がポリエチレンに引きつけられる力が大きくなるのが実感できると思う。これも２回こすった方が、髪の毛とポリエチレンに溜まる電気の量が大きくなるからである。このように電荷が大きくなるほどクーロン力が大きくなることが実験的に確かめられる。

電荷の単位は、後に「クーロン＝C」と名付けられた。２つの同じ量の電荷を１メートル離して置いたとき、9×10^9N（N＝ニュートン：力の大きさを表す単位で、1N＝1kg・m/s^2。1Nは、約0.1kgの物体に働く重力の大きさと同じなので、9×10^9Nは、90万トンの重さに相当する）の大きさのクーロン力が働くとき、この電荷を1クーロンと呼ぶ。したがって、万有引力の場合の定数Gに相当する量kは、この場合

$$k=9.0\times10^{9}\mathrm{Nm^2/C^2}$$

となる。世界最大級のタンカーでも約50万トンなので、2つの1クーロンの電荷を1メートル離して置いたときの力が、とてつもなく大きなものであることがわかる。

電荷は電気の量を表すので、質量と違って、プラスとマイナスの両方の値をとることができる。この点は、万有引力とは異なっている。電荷の一方がプラスで他方がマイナスの場合は、クーロン力はマイナスになり万有引力と同じく引力を表す。ところが電荷がプラスどうしの場合やマイナスどうしの場合は、クーロン力はプラスになり、斥力になる。この点は万有引力とは異なる（図7）。

クーロンがこの重要な法則を発見したのは、1785年だった。このクーロンによる新法則発見は、物理学上の新しい発見の際には、新しいアイデアに基づく実験装置が極めて重要であることを示している。新しい実験装置の発明によって、それまで測定できなかった物理量が、測定できるようになるからである。

筆者がケンブリッジ大学のある教授と議論したときのことだが、

「オリジナルな発見は、オリジナルな実験装置によってこそ生まれる。それが、アーネスト・ラザフォード（1871～

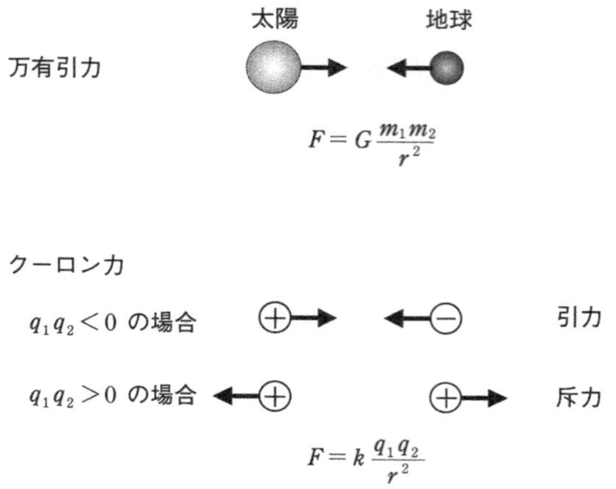
太陽
地球
万有引力
$F = G\frac{m_1 m_2}{r^2}$
クーロン力
$q_1 q_2 < 0$ の場合
引力
$q_1 q_2 > 0$ の場合
斥力
$F = k\frac{q_1 q_2}{r^2}$

・万有引力とクーロン力は、ともに距離 r の2乗に反比例します。
・万有引力では、質量 m の積に比例しますが、クーロン力では、電荷 q の積に比例します。
・クーロン力には斥力が存在します。

図7　万有引力とクーロン力の比較

1937年）以来のケンブリッジの伝統である」
と聞かされた。ラザフォードは20世紀の初めに原子の構造の解明に活躍した科学者である。

物理の歴史を眺めてみると、オリジナルな装置によってオリジナルな結果が生まれるのは、ラザフォードより1世紀以上昔のこのクーロンの例でも見られる。さらに少しさかのぼると、フランクリンの凧や避雷針もまったくオリジナルな実験装置であると言える。逆に言うと、独創性のない装置を使って研究する限り、他の研究者と同様の実験結果しか得られず、新発見は難しいということになる。

磁界のクーロンの法則

クーロンは、電荷の間のクーロンの法則を発見したが、同時に磁石の磁極（N極やS極）の間に働く力も測定し、クーロン力と類似の数式で表されることを見つけた。磁石と磁石がくっつき合うことは、みなさんもよくご存知だろう。しかし、磁石間の距離を変えたとき、磁石どうしに働く力の大きさがどのように変化するかを調べてみた人はほとんどいないと思う。クーロンは「ねじりばかり」を使った実験で、磁石と磁石の間の力の大きさも距離の2乗に反比例することを見つけた。

式で書くと

$$F = k\frac{m_A m_B}{r^2}$$

という形になる。ここで、m_A や m_B は「磁極の強さ」と呼ばれ、単位は Wb（ウェーバ）である。強さの等しい2つの磁極を1メートル離したとき働く力の強さが

$$\frac{10^7}{(4\pi)^2}\mathrm{N} = 6.33\times 10^4\mathrm{N}$$

であるとき、その磁極の強さを1Wbと決めた。したがって

$$k = \frac{10^7}{(4\pi)^2}\ \mathrm{Nm^2/Wb^2}$$

である。磁極がN極の場合は磁極の強さの符号をプラスにとり、磁極がS極の場合は磁極の強さの符号をマイナスにとる。したがって、2つの磁極が同じ符号のときは斥力となり、異なるときには引力になる。式の形だけでなく、引力と斥力があるという点でも電荷のクーロンの法則と極めてよく似ている。

ただし、磁極には電荷と明らかな違いが1つある。それは、磁極の場合は「必ずN極とS極がペアになって存在する」ということである。N極だけや、あるいはS極だけの磁石を見たことがある人はいないだろう。

クーロンも2つの磁石の間の力の測定においては、長い磁石の一端にあるN極と、別の長い磁石の一端にあるS極との間に働く力を測定した。長い磁石を使うことによって、もう一端にある磁極の影響を小さくしたのである。磁石がかならずN極とS極のペアでできているというのは、磁気が持つ大きな特徴なので、頭の中に残しておいてほしい（図8）。

「磁石に働く力が距離の2乗に反比例する」という関係をおおまかに体感するのは簡単である。磁石2個を向かい合わせにしてその引力や斥力を感じてみれば、距離が近いほど強い力がかかっていることがよくわかると思う。

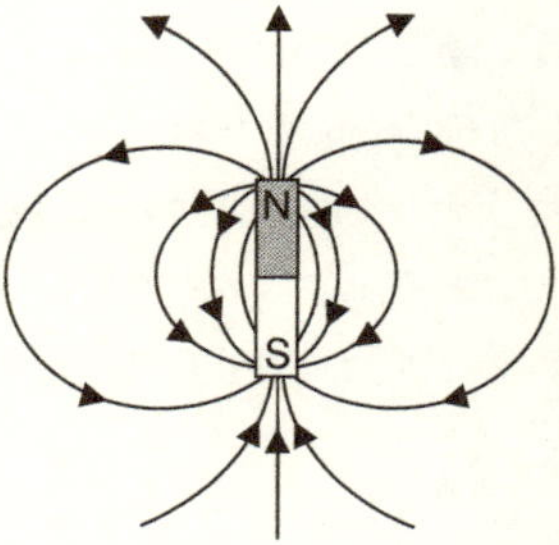

磁力の向きはN極からS極に向かっています。N極は方位磁石として使ったとき、地球の北(North)を指し、S極は地球の南(South)を指します。

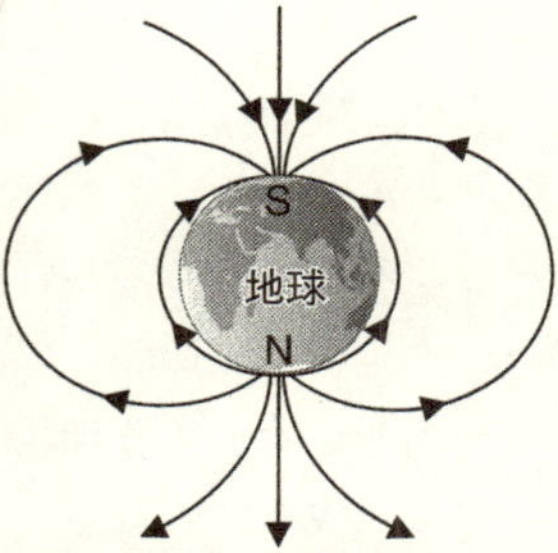

地球は巨大な磁石です。ただし、地球の北磁極は実はS極であり、南磁極はN極です。また、この北磁極と南磁極の位置は、北極と南極の位置（地球の自転の回転軸）とはわずかに異なっています。

図8　磁石はかならずN極とS極がペアで存在する

クーロン力と万有引力との類似性

クーロンは万有引力との類推に基づいて、クーロン力の関係を導き出した。このように従来よく知られている考え方に基づいて新しい別の現象を理解する試みは科学の歴史ではよく行われてきた。このような学説や思考方法の体系を「パラダイム」と呼ぶ。ときには、新しい学説が旧説を完全に覆すこともある。これを「パラダイムの変革」と言う。

科学は自然現象をよりよく描写するものが正しいとされるので、パラダイムの変革はときには避けて通れない。また、パラダイムの変革が大きいほど、すぐれた科学業績であるとみなすことも可能である。天動説が地動説に置き換わったのも、パラダイムの変革の一例である。

万有引力は、離れた物体の間に働く力だが、このように空間的に離れた物体の間に働く力を、「**遠隔作用**による力」と呼ぶ。漢字の意味どおりに書くと、「遠く隔たった物体の間に作用する力」という意味である。

クーロン力も離れた2つの物体の間に直接的に働く力なので、万有引力と同じく遠隔作用による力であると考えられた。そして興味深いことに、その力はどちらも距離の2乗に反比例するという共通の性質を持っている。このことから、この2つの力の本質は同じではないだろうかという推測が生まれた。このため、その後の多くの科学者がこの2つの法則を統一する理論を作ろうとしてきた。しかし残念ながら、現在にいたるまで、誰も成功していない。

このクーロンの法則の発見の後、半世紀ほどでクーロン力や万有引力を「遠隔作用」とは異なる考え方でとらえる学説が登場した。このパラダイムの変革については次章で見ることにしよう。

クーロンの法則は、電気と磁気の世界の一部を初めて数式で表現できるようにしたという点で画期的だった。ガリレオはかつて「宇宙は数学で表現されている」と考え、その後ニュートンによって、力学現象は数式で表されるようになった。物理量と物理量の関係を数式で表すことを「定式化」と呼ぶが、電荷と電荷の間に働く力や磁極と磁極の間に働く力は、クーロンによって初めて定式化されたのである。電気と磁気の世界を理解する貴重な一歩だった。

3　ファラデーの登場

かえるの脚と磁石

静電気による放電が指先で起こったとき、指がピクッとわずかに動くのを体験した人は多いと思う。これは放電によって電気が流れると、人間の筋肉が反応することを示している。

生物の神経での情報の伝達に電気信号も使われていることは、20世紀になって明らかになった。感度のよい測定器を使えば、その信号を測ることができる。例えば心電図は、心臓で生じる電気を拾ったグラフである。また静電気の放電が筋肉を動かす信号になるように、心臓の筋肉に電気信号を与えてやると、心臓の鼓動を制御できる。それがペースメーカーと呼ばれる器械で、エレクトロニクスによって生み出された周期的な電気信号を心臓に供給する。ペースメーカーをつけた人のそばでは携帯電話のスイッチを切らないといけないのは、携帯電話から出る電波がペースメーカーの電気信号に影響を及ぼし、その人の心臓の鼓動に影響を及ぼす可能性があるからである。

身体を流れる電気の強さがある程度強くなると、人間の意志で筋肉をコントロールできなくなる。工場や実験室などでは、大容量の電気のスイッチに触るときには、手の甲からスイッチに近づける方がよいという教育を受ける場合がある。万に一つ、スイッチが故障していて電気が漏れていた場合、手の平から近づけると、その電気によって手の筋肉が収縮しスイッチをつかんでしまって離れなくなるからである。手の甲の側から近づけると、最初の電気ショックで手の筋肉が収縮した時点で、スイッチと手が離れる。したがって、相対的に安全性が高いというわけである。ただし、これはあくまでも相対的な話であって、どちらも危険であることには変わりない。漏電の恐れのあるスイッチには、絶対に触らないのがベストである。

電気による筋肉の収縮は、1790年ごろイタリアの生理学者ガルバーニ（1737～1798年）がかえるの脚で研究を行っていた。このときガルバーニは、かえるの筋肉のある部分と別の部分を金属でつなぐと、かえるの脚が動くことを見つけた。エレキテルの電気ショックによって、人間の筋肉が動くことはわかっていたから、かえるの脚が動いたということは電気が発生した証拠である。

ところがこの場合、エレキテルそのものを使ったわけではないので、電気を発生させる仕組みがどこかにあるはずだとガルバーニは考えた。彼は、動物の筋肉の中に一種の発電機があると考えた。

ただ、この実験では１つだけ奇妙な点があった。それは、電気が発生するのは「２種類の金属を接触させた器具を使った場合に限られる」ということだった。例えば、鉄の棒だけでかえるの脚のある部分とある部分を接触させても、電気は発生しなかった。

このガルバーニの解釈に疑問を持ったのが、ボルタ（1745～1827年）である。彼はガルバーニの実験の再現を試みているうちに、2種類の金属を食塩水に浸けるだけで電気が発生することを発見した。これが電池の発明である。

つまり、かえるの脚は食塩水の役割を果たしていて、2種類の金属を接触させたとき、ガルバーニが気づかないうちに、電池ができあがっていたというわけである。ボルタはその後改良を加えて、亜鉛と銅の2種類の金属を硫酸の水溶液に浸けた電池を作った。ボルタが発明した電池は「ボルタ電池」と呼ばれるようになった（図9）。

この電池では、銅の電極からプラスの電気が出て、亜鉛の電極に流れることが明らかになった。当時、電池の中で何が起こっているかはよくわからなかった。しかし、電池を使っているうちに亜鉛の電極が溶け出していくことと、銅の電極のまわりに小さな気泡がつくことが確認された。さらに、その気泡の中のガスが水素であることが明らかになった。

そこで、こういう推論が生まれた。硫酸の水溶液中では、プラスの電気を持った「水素もどき」が存在していて、それが銅の電極のところでプラスの電気を銅の電極に渡し、自分自身は本来の水素の形に返る。プラスの電気はマイナスの電極である亜鉛の電極に達すると、亜鉛といっしょに硫酸水溶液中に溶け出す。この溶け出した亜鉛はプラスの電荷を持っているので、亜鉛そのものではなく「亜鉛もどき」であると。

この水溶液中で電気を運ぶ「水素もどき」や「亜鉛もどき」は、後にあるイギリスの科学者によって**イオン**と名付

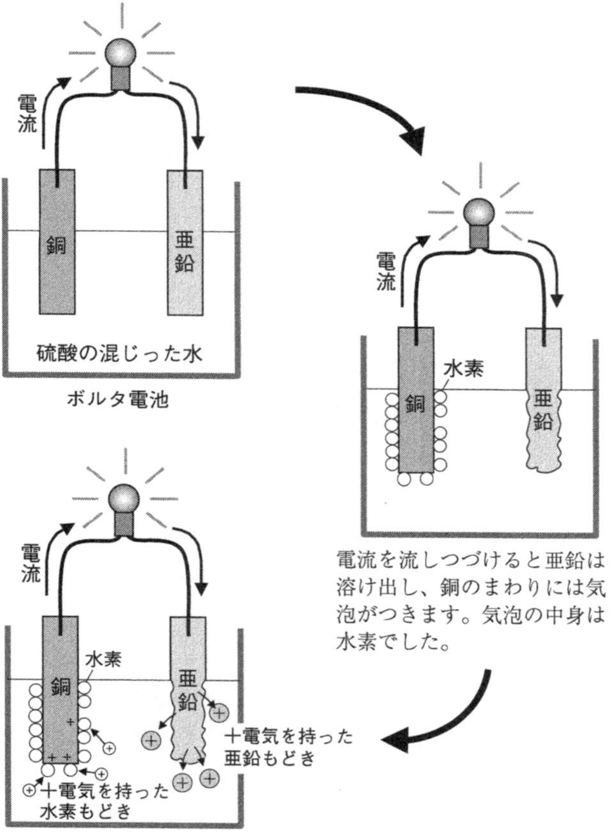
電流
銅
亜鉛
硫酸の混じった水
ボルタ電池
電流
水素
銅
亜鉛
電流を流しつづけると亜鉛は溶け出し、銅のまわりには気泡がつきます。気泡の中身は水素でした。
電流
水素
銅
亜鉛
＋電気を持った亜鉛もどき
＋電気を持った水素もどき

水中にはプラスの電気を持った「水素もどき」が存在していて、それが銅の電極のところでプラスの電気を銅の電極に渡し、自分自身は本来の水素の形に変わります。プラスの電気は電流となって電線を流れてマイナスの電極である亜鉛の電極に達します。亜鉛の電極では、プラスの電気は亜鉛といっしょになって「亜鉛もどき」になり、水中に溶け出します。

図9　ボルタ電池の中で何が起こっているのでしょう？

けられた。このように亜鉛が亜鉛イオンに変化したり、水素イオンが水素に変化したりする反応を「化学反応」と呼ぶ。電池の原理はこのような化学反応である。

読者のみなさんが日常よく使っているマンガン乾電池やアルカリ乾電池も、同種の化学反応によって電気を生み出している。「乾電池」と名前がついているが、電池の内部は乾いているわけではなく、化学反応を起こすために水溶液が入っている。古い電池が液漏れする場合があるのは、この水溶液を閉じ込めているパッケージが傷んで、水溶液が外に染み出してくるからである。

このボルタ電池の発明によって、「電流」を使えるようになった。エレキテルで溜めた静電気は一瞬しか流れないが、電池を使うと、電気を流し続けられるのである。ボルタ電池の発明は、1800年のことだった。

電流を発生させられるようになったことは大きな一歩だったが、電気と磁気の秘密を探るという意味では、その後20年にわたって電池はあまり大きな貢献はしなかった。なぜなら、この間、電池は物理よりも化学の領域で積極的に使われていたからである。

化学の分野では、ボルタが電池を発明した同じ1800年に早くも**電気分解**が発見されている。水の中に２つの金属の電極を入れ、これにボルタ電池をつないで電気を流す。すると水が分解されて、一方の電極の周囲には水素の気泡が生まれ、もう一方の電極の周囲には酸素の気泡が生まれた(図10)。水を構成する水素イオンや酸素イオンが電極と電気のやり取りをすることによって、水素分子や酸素分子の

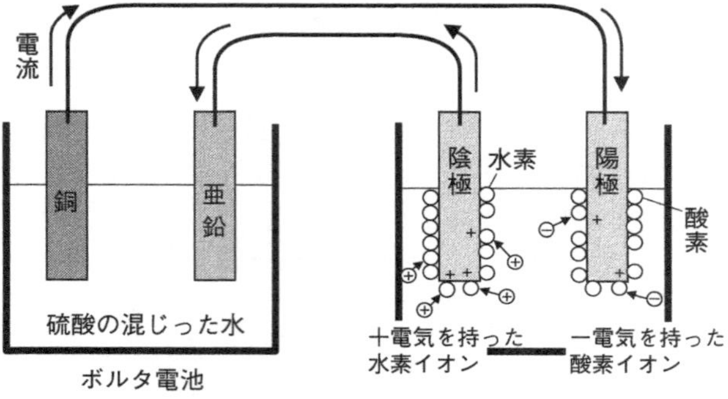
電流
銅
亜鉛
硫酸の混じった水
ボルタ電池
陰極
水素
陽極
酸素
＋電気を持った水素イオン
−電気を持った酸素イオン

・「−電気を持った酸素イオン」は、陽極に引きつけられます。このイオンは陽極で＋電気をもらうと、電気を帯びていない酸素に変わります。
・「＋電気を持った水素イオン」は、陰極に引きつけられ、陰極で−の電気をもらって水素に変わります。

図10　水の電気分解

形に変化し、気体になって現れたのである。

水素イオンが水素に変化する過程は、ボルタ電池の中で起こっていたことと同じである。この電気分解は水以外の物質にも使える。したがって、数種類の元素によってできている化合物を電気分解し、それぞれの元素を取り出すことが比較的簡単に行えるようになった。このため元素の発見ラッシュが起きた。

この分野を代表する科学者は、イギリスのデービー(1778～1829年) である。デービーは、カリウム、ナトリウム、カルシウム、マグネシウム、ストロンチウム、バリウムなどを分離することに成功した。一人でこれだけの元素の発見をしたのだから、大変なものである。このうちの１つの発見だけでも、科学の歴史に名を残すことができただろう。

製本職人の知恵

デービーが電気分解の実験で名声を得ていたころ、ぜひ科学の研究に従事したいと考えていた製本職人がいた。彼の名をマイケル・ファラデー（1791～1867年）という（写真4）。鍛冶屋の息子として生まれたファラデーは貧しく、高等教育を受ける機会はなかった。しかし、13歳から21歳まで従事した製本職人としての仕事が、彼に本に接する機会を与えてくれた。

当時の本は高価で、普通の人には接する機会はあまりなかった。ファラデーは製本の仕事の間も手を休める時間があれば、むさぼるように本を読んだ。中でもガルバーニやボルタの電気の話は強くファラデーの心を捉え、是非このような科学の研究に携わりたいと考えるようになった。

ファラデーが製本職人からスタートしたということは、フランクリンの履歴と実によく似ている。どちらも高等教育の機会は与えられなかったが、製本職人という仕事が、彼らに自学自習の機会を与えてくれた。そして科学者としての名声を後世に残したのである。しかし、実業家としてスタートして、科学者としても政治家としても活躍する万能の才能を発揮したフランクリンとは違って、ファラデーは科学者一筋の道を歩むことになる。そしてファラデーの科学上の名声は、後にフランクリンを凌ぐものになった。

当時から、デービーが在籍したロンドンの王立研究所では、一般の人々を対象とした講義が行われていた。この講

写真4　ファラデーと彼が働いていた店

演は金曜の夜に開かれるので、当時から「金曜講義」と呼ばれていた。この伝統は今日まで続いていて、金曜講義の講演者になることは科学者にとって大変な名誉である。

デービーは王立研究所を代表する一種のスターで、多くの人々のあこがれの的だった。10代半ばまでしか学校に行けず、薬剤師の助手として働きながら化学の研究に携わったという経歴を持っている。十分な高等教育を受けられなかったというデービーの経歴は、ファラデーを勇気づけるものだった。デービーは各種の元素の発見などの極めてすぐれた研究業績に対して、1812年にはナイトに叙せられた。また、科学的な才能にとどまらず、ハンサムで女性にも人気があった。製本職人だった若きファラデーはデービーの講演に強い影響を受け、よりいっそう科学に携わりたいという熱い思いを抱いた。

しかし、研究に携わるポストに就く方法は、簡単には見つからなかった。ついにファラデーはイギリス科学界の最高のポストである王立協会会長に、科学の仕事に就きたいという思いを込めた手紙を送った。しかし、どんなに待っても返事は返ってこなかった。深く落胆したファラデーの科学への思いは、ますます募るばかりであった。

そんなとき、知人がよい助言を与えてくれた。デービーに直接手紙を書いてみてはどうかというのである。しかし、デービーに紹介してくれそうな知り合いなど一人もいない。紹介状もなしにデービーに手紙を送ったとしても、そのままごみ箱に捨てられる可能性が高いだろう。もし読んでもらえたとしても、返事をもらえる可能性はほとんどない。

熟慮の末、ファラデーはデービーの講演を丁寧にノートにとり、きれいに製本して彼に送った。プロの製本職人の仕事であるから、革の表紙のついた荘重な本に仕上がったことだろう。もちろん助手として働きたいという手紙もいっしょに届けた。

自分の講演内容が製本して届けられたことにデービーは大変喜び、ファラデーを助手に採用することに決めた。1813年のことだった。おそらく、デービーは製本の出来具合を細かく観察したことだろう。助手としての仕事の内容は科学上の研究能力が期待されるわけではなく、実験の手伝いとして雇われるわけである。そこで期待されるのは、実験を厳密かつ精密に進行させる技術的な能力であった。製本の出来具合を見れば、実験助手としての仕事の確実さや丁寧さを推測することができる。ファラデーの手によって製本された講義ノートの出来は、こうしたデービーの期待を裏切らなかったのだろう。

念願の科学の道に歩みだしたファラデーは、デービーの予想を超える能力を持っていた。高等教育を受けていないために数学を苦手にしていたが、かわりに物理に関する優れた洞察力を持っていた。

実験助手としてスタートしたファラデーは、まもなく研究者としての道を歩み始める。後年、デービーの優れた研究業績を凌駕し始めるにつれて、「デービーの最大の発見は、ファラデーを発見したことだ」とまで言われるようになる。

研究者と実験助手

ファラデーは実験助手から研究者になったが、当時のイギリスではこの2つの職種の間には待遇面で大きな差があった。このため、ファラデーは当初つらい思いをすることもあったようである。

現在では、もちろんファラデーの時代のような差別はない。しかし、欧米の大学では研究者（リサーチャー：Researcher）と実験を補助する技術者（テクニシャン：Technician）は、仕事の上では厳密に区別される。科学論文を発表する場合でも、論文の発表者としてテクニシャンの名が載ることはまずない。名前が載るとしたら、論文の最後の謝辞の欄に「ミスターXには、実験のサポートで大変お世話になった」などというふうに記載される場合にほぼ限られる。

欧米で研究者であることの一つの基準は、「博士号」を持っているかどうかである。日本では理工系の博士は、理学博士か工学博士になるが、欧米ではこれを Doctor of Philosophy（略して Ph. D：ピー・エイチ・ディー）と呼ぶ。日本語に直訳すると「哲学博士」になるが、これは自然科学が哲学から派生したという歴史的な経緯によっている。

日本の慣習では、大学を出て科学の研究に従事していれば、博士号の有無にかかわらず通常研究者として認められる。しかし、博士号を持たない日本人研究者が欧米の大学に留学した場合、研究者として認められない場合が現在でもありうる。留学先の研究室でディスカッションにまったく参加させてもらえないとか、著名な研究者がその大学やその研究室に来訪して講演会を行うときに、連絡すらもらえないという事態が起こりうるのである。

これは別に嫌がらせをしているわけではなく、社会通念の違いである。博士号を持っているかどうかは、欧米では研究者のパスポートのようなものだとも表現できる。このため博士号を取得するために学生たちは懸命に努力するし、大学院の博士課程への進学率も日本より高いようである。また国によっては、偽物の博士号を売っている怪しい組織すら存在するという。

遠隔作用とは異なる考え方

デービーの弟子としてスタートしたファラデーは、電気分解に関しても優れた業績を残した。「イオン」や「電気分解」という言葉も、実はファラデーが考案したものである。しかし、ここではまず電磁気学分野のファラデーの重要な貢献の一つについて話そう。それは前章で語った「クーロン力」についてである。

前章では、「クーロン力は遠隔作用による力である」と考えた。この考え方は「万有引力が遠隔作用による力である」という認識の延長線上の考え方で、至極当然の考え方であるように思われる。ところがファラデーは、遠隔作用よりもっと理解し易い考え方があることを示した。理解し易いというのは、次のような意味である。

例えば、ニュートン力学では万有引力を除くすべての物理的な力は、力を働かせる作用者と力を受ける物体との間の直接的な接触によって働く。これは私たちの日常体験にとっては、ごくあたりまえのことである。ドアを開けるときには、手は直接ドアのノブをつかんでいるし、ボールを蹴る瞬間には、足は直接ボールに接触する。この直接的に接触することによって働く力を「**近接作用**による力」と呼ぶ。

それに対して、ニュートン力学では、万有引力のみが「遠隔作用による力」として理解されていた。この「遠隔作用による力」というのは、先ほどの近接作用による力とはまったく別の考え方であり、直感的に理解しにくい部分を持っている。

ファラデーは、クーロン力や万有引力も近接作用に基づいて理解できるのではないかと考えた。「遠隔作用を近接作用で理解する？」というと、論理的に矛盾しているように思える。事実このままでは矛盾しているのだが、ファラデーは、「力を伝える媒体」が物体と物体の間にあると考えることによって、この理解を可能にした。

それは、次のような考え方である。例えば、あなたの目の前の30センチメートルほど離れたところに、髪の毛を1本置いたとする。あなたが、強く息を吹きかければ、当然髪の毛は吹き飛ばされる。このとき、あなたと髪の毛は直接には接触していない。したがって、これは一見遠隔作用のように見える。しかし言うまでもなく、あなたと髪の毛の間には、空気が存在していて、あなたの肺からふきだした空気の力が伝わって、髪の毛を吹き飛ばしたわけだ。したがって

あなたの肺　→　空気　→　髪の毛

の3つの間に順番に力が伝わっていった結果である。

空気の存在に気づかなければ遠隔作用だと勘違いしてしまいそうだが、ここで見たようにこの関係は近接作用で理解できる。あなたが髪の毛を吹き飛ばせたのは、あなたの肺が生み出した力を、空気という媒体が伝えたからだ。

また、あなたが少し離れたところにいる人と会話ができるのも、一見遠隔作用のように見えるが、近接作用として理解できる。あなたの声帯の振動は、空気の振動に変わり、空気の振動は相手の耳元まで伝わり、そして、相手の鼓膜の振動に変わる。それで、相手はあなたの声を聞くこ

とができる。この場合も

あなたの声帯　→　空気　→　相手の耳の鼓膜

という順番に、近接作用によって振動が伝わったために相手の耳にまで届いたのである。もし、あなたと相手の間に空気という媒体がなければ、あなたの声帯がどんなに強く激しく振動しても、相手の耳の鼓膜に声は届かなくなる。

ファラデーはクーロン力もこのような近接作用で理解できるのではないかと考えた。近接作用を英語では、action through medium と呼ぶ。medium とは媒体のことであるから、「媒体を通じた作用」というのが正確な日本語訳である。したがって、この考え方が成立するためには、クーロン力を伝える媒体が空間に存在しなければならない。

ファラデーは、その媒体は空気のように目に見えないが、空気が音を伝えるように、電気や磁気の力を伝える媒体であると考えた。ファラデーの近接作用説を信じる科学者たちは、この媒体を「エーテル」と呼んだ（注：化学でも「エーテル」という言葉を使う。が、それはある種の有機化合物を意味し、ここでのエーテルとは別のものである）。

ファラデーが近接作用説を信じるようになったきっかけは、彼が電気分解の研究に携わったことにあるようだ。電気分解の実験では、２つの電極の間で水溶液中のイオンが電気を運ぶ。イオンを直接見ることはできないが、この類推から真空の２つの電荷の間にもクーロン力を伝える目に見えない何かが存在するはずだと考えたのである。

このエーテルは、空気と同じように「物質」であると考えられていた。そこで、エーテルがどのような物質であるのか確認するための実験が試みられた。しかし、誰もエーテルを構成する物質を確認することができなかった。例えば、真空中では音が伝わらない。それは、音を伝える媒体が空気だからである。そこで、ある科学者は容器の中に2個の磁石を少し離して入れた後、容器の中の空気を抜いて真空にしてみた。その後、容器に適当に振動を加えて2つの磁石の距離を小さくすると、1組の磁石はお互いに引き合ってくっついた。

この結果は、2通りに解釈できる。1つは、エーテルや空気が存在しない真空中でも、磁力は伝わると認めることである。ただしこの場合、それらしき媒体は存在しないので、近接作用の考え方は崩れる可能性が高くなる。もう1つの考え方は、真空にしたはずの容器の中が真空ではなく、実はエーテルは残っていたと考えることである。つまり、「真空ポンプ」は空気を抜くことはできるが、エーテルを抜くことはできないと考える解釈である。

ファラデーの提案から約50年後の1880年代に、アメリカのマイケルソンとモーリーはエーテルの存在を確かめる実験を行った。当時は、エーテルは全宇宙に充満していると考える科学者が多かったようである。しかし、マイケルソンとモーリーの実験によって、電気や磁気を伝える「エーテルという名の物質」は存在しないことが明らかになった。したがって、エーテルは存在せず、かつ真空中でも電気や磁気の力は伝わるというのが結論である。

そうであれば、近接作用説は崩れてしまって、遠隔作用説に戻ってしまったのだろうか。実は、近接作用説を支持するある実験が1888年に行われ（第2部の第3章で紹介する、ヘルツによる電磁波の実験である）、近接作用説は揺るぎない学説になった。したがって、このままでは論理的な矛盾に突き当たってしまう。

この矛盾を解決するために、科学者たちは次のような思考のジャンプを受け入れることにした。すなわち、「『空間』そのものが電気や磁気を伝える媒体である」という考え方である。

もともとの近接作用の意味は、物質と物質の間に直接働く力であり、媒体も物質だった。音を伝える媒体である空気も物質である。したがって、エーテルも物質であると考えられていたのだ。しかし、電気や磁気の近接作用の考え方では、媒体は物質ではない空間であり、「物体」と「空間」の間に直接的に力が働くという考え方を認めることにした。したがって、もとの「物質」と「物質」の間に生ずる近接作用の意味からは、一歩飛躍したのである。

それまでに知り得た電磁波の性質を考えてみると、この考え方がもっとも合理的なので、この思考のジャンプを受け入れることになったのである。「クーロン力を伝える媒体は、エーテルという物質ではなく空間そのものである」それが人類が到達した解釈である。

点電荷のまわりのクーロン力

この思考のジャンプを受け入れると、新たな興味が生まれる。すなわち、電気や磁気の力を伝える「空間」がどのような性質を持っているのだろうかという興味である。

クーロン力とその媒体である空間の関係を見るために、何もない空間に点電荷を１個だけ置いた場合のクーロン力を考えよう。点電荷とは、限りなく小さい点状の電荷のことである。簡単のために、中心にある点電荷の電気量を1クーロンとする。このときこの点電荷の右側1メートルに同じく１クーロンの電荷があったとすると、これに働くクーロン力は定義によって 9×10^9N となり、その向きはこの２つの電荷を結んだ直線に沿う。

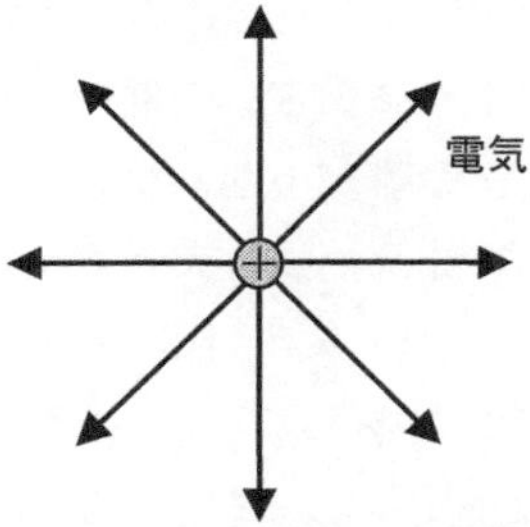

図11　点電荷のまわりの電界の様子

クーロン力は点電荷のまわりに広がっているから、それを絵にすると図11のようになる。ここで引いた線は、その線上に点電荷を置いたときにクーロン力が働く方向を表す。また、この線が密であるほどクーロン力は強く、離れるほど弱いことを意味する。この便宜的に引いた線を「電気力線」と呼ぶ。この線を使えば、クーロン力の方向と強

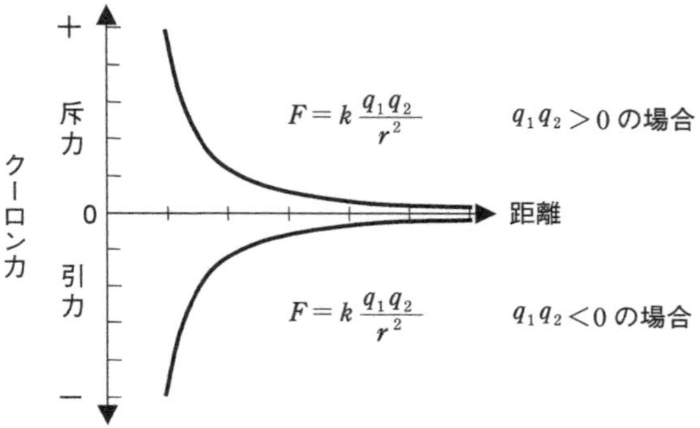
+
斥力
クーロン力
0
引力
−
$F=k\frac{q_1q_2}{r^2}$
$q_1q_2>0$の場合
距離
$F=k\frac{q_1q_2}{r^2}$
$q_1q_2<0$の場合

図12　クーロン力と距離の関係

さを表せる。

電気力線上での電荷に働く力を見てみよう。クーロン力を縦軸に、中心の点電荷からの距離を横軸にとってグラフを書くと、図12のようになる。点電荷の間に働くクーロン力の１つの特徴は、距離が小さくなるにつれてどんどん大きくなり、距離ゼロでは無限に大きくなることである。このグラフも書ききれないので、距離の小さいところは省略している。もう１つの特徴は、遠くに行くにしたがって急速に小さくなることである。この図を見ると、距離によってその電荷にかかる力が大きく変化する様子がわかる。

電気力線が広がりクーロン力が働く空間のことを、**電界**とか**電《でん》場《ば》**とか呼ぶ。言葉が２種類あるのは、日本でこの言葉が統一されていないからである。工学分野の研究者は、「電界」と呼び、一方、理学分野の研究者は「電場」と呼ぶことが多い。英語では、electric field で、「場」とか「界」に相当するのは「field」である。「field」の日本語は、野原のような広がった領域を表し、「baseball field＝野球場」などと用いられる。そういう意味では、「場」の方が近いようにも思える。しかし、「場」の本来の意味は、「その場で」という使い方のように、狭い領域を表す場合が普通である。したがって、そういう誤解を防ぐために、「世界」のような広がった領域を示す語に使われる「界」も用いられているのである。

電界の強さ

点電荷 q_{A} から距離 r 離れた点Bに電荷 q_{B} を置いたときのクーロン力の強さを考えることにしよう。このときのクーロン力は

$$F=k\frac{q_{\mathrm{A}}q_{\mathrm{B}}}{r^2} \qquad ①$$

となる。

では、q_{B} の代わりに、$2q_{\mathrm{B}}$ の電荷を置いたときはどうなるだろうか。当然先ほどの値の2倍になる。では $3q_{\mathrm{B}}$ のときはどうなるだろうか。もちろん3倍になる。この関係をわかりやすくするために、先ほどの①式の2つ目の電荷 q_{B} を分けて書くことにしよう。

$$F=q_{\mathrm{B}}\times k\frac{q_{\mathrm{A}}}{r^2}$$

そして後ろの項（$k\frac{q_A}{r^2}$）をまとめて、**電界の強さ**と名付けることにする。さらに、この電界の強さを表す記号として、Electric field の頭文字をとってEを使うことにしよう。そうすると①式は

$$F = q_B E$$

と簡単に書くことができる。こう書けば、電荷の大きさが変わっても q_B の値を変えるだけでクーロン力が得られる。ここでのEは当然

$$E = k\frac{q_A}{r^2}$$

となる。

いまここでは、「q_A によって作られる点Bの位置の電界の強さ」をEと考えた。q_A と q_B によって生じるクーロン力の強さは、このBの位置にどういう大きさの電荷 q_B を置くかによって決まるが、先ほどの①式で分けて書いたように、点Bの位置の電荷の大きさにかかわらず点Bの位置には「Eの強さを持つ電界が存在する」と考えることも可能である。

特におもしろいのは、点Bの位置にゼロクーロンの電荷を置いた場合である。ゼロクーロンの電荷を置くというのは、電荷を置かないことを意味する。もちろん、このときのクーロン力はゼロである。しかし、この場合に電荷 q_A によって作られた電界は存在していると考えることができ

るのだろうか。それとも、存在していないのだろうか。

クーロン力を、空間的に離れた2つの電荷に働く遠隔的な力であり、媒体が存在しないと考えると、電界というのは人間が考えを進めやすいように作った空想の産物である。一方の電荷が存在しないときは、もちろん現実には電界も存在しないということになる。

一方、クーロン力が電荷から空間へ伝わり、さらに空間からもう1つの電荷に伝わる近接的な力であると考えると、1個の電荷が存在するだけでそのまわりの空間には電界が存在し、先ほどの電気力線やクーロン力を表す図11のような性質は空間自体にあることになる。

電界が実在する物理的な存在（誤解がないように繰り返すが、物質ではない）なのか、それとも人間が便宜上考えた空想の産物であるかどうかという疑問は、先ほども述べたように、1888年のヘルツの電磁波の実験によって明らかになった。「電気や磁気の力は近接作用によって伝わり、その媒体は空間である」というのが、結論である。したがって、点Bに電荷が存在しなくても、点Aに1個の電荷が存在するだけで、そのまわりの空間は影響を受け、電界が実在することになる。

すなわち、①式で分離して書いた電界の強さの項Eは、数学上の取り扱いを容易にするための便宜的なものではなく、実際に存在するのである。

電圧とは

電界を理解したところで、次に電圧（電位差）の概念を

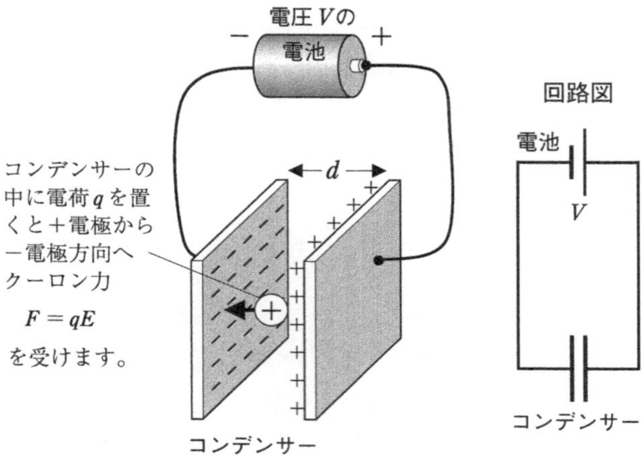

図13　電界の中に点電荷を置くと

把握しておこう。

先ほどの点電荷のまわりの電界の強さは、点電荷からの距離によって変わる少し複雑な形をしていた。ここでは、もっと簡単な電界を考えることにしよう。図13のように点電荷を置くと、右から左に力が働く電界があり、かつ電界の強さはどの場所でも同じ大きさであるとする。こういう電界を作るもっとも簡単な方法は、２つの板状の電極を向かい合わせて、一方を電池のプラスとつなげて陽極とし、もう一方を電池のマイナスとつなげて陰極にする方法である。このとき２つの電極の間には、一様な強さの電界が生まれる。

ちなみに、このように陽極と陰極を２枚向かい合わせたものを「コンデンサー」と呼ぶ。コンデンサーの陽極の電気と陰極の電気はクーロン力で引き合うため、それぞれの電極に電気を溜められる。

本書ではまだ「電圧」の具体的な説明をしていないので、とりあえず電圧とは、乾電池の側面に書かれている1.5V（ボルト）というなじみのある量であると考えてほしい。

このコンデンサーの中の一様な電界の中に、プラスの電荷qがあるとする。コンデンサーの中の電界をEで表すと、この電荷に働く力は

$$F = qE$$

である。この電荷を陰極のすぐそばから陽極まで押していく場合を考えてみよう。

2つの電極にはさまれた空間の電界の強さはどこでも同じなので、電荷を動かす力Fも電極の間のどこでも同じである。電極の間隔をdとすると、この電荷を動かすために要する仕事Wは、物理学の「仕事」が、 仕事＝力×移動距離 で定義されているから

$$W = Fd$$

となり、これに、先ほどの $F = qE$ を代入して

$$W = qEd$$

となる。先ほど、電場と力の関係を考えたとき、電荷以外の項をまとめて分離して「電界の強さ」と名付けたように、ここでも電荷 q 以外の項 Ed を分離して**電位**と名前をつけ、V で表すことにしよう。すると

$$W = qV \qquad (\text{ただし}\ V = Ed)$$

と書ける。そして、ある場所と別の場所の電位の差を**電位差**と呼ぶことにしよう。この「電位差」が、私たちが普段なにげなく使っている「電圧」のことである。

この式が表すように、「電位差＝電圧」に電荷 q をかけると仕事になる。例えば、コンデンサーの陽極と陰極の間の電位差が1.5Vであるとすると、陽極のそばに置いたプラスの電荷 q は、陰極のそばにたどり着くまでに $q\times1.5\text{V}$ の仕事ができる。したがって、電圧が大きいほど大きな仕事ができることを意味する（図14）。

これとよく似た関係が、力学の分野にもある。力学の「位置エネルギー」という考え方を思い出してみよう。

地上では、地球の重力のために重量加速度 $g=9.8\text{m/s}^2$ の力が物体にかかっている。したがって、質量 m のある物体には重力 mg が働いている。この物体を高さ d のところまで運ぶとすると、重力に逆らいながら持ち上げることになるので

$$W = mgd$$

電界の強さEは、電極の間のどの場所でも同じです。

陰極から陽極まで電荷qをクーロン力Fに逆らって押しながら動かすと、その間にした仕事Wは、

仕事 ＝力×距離

の関係から

$$W = qEd$$

となります。ここでEdの項を分離して「電位」と名前をつけると

$$W = qV$$

となります。電位に電荷をかけると仕事になります。

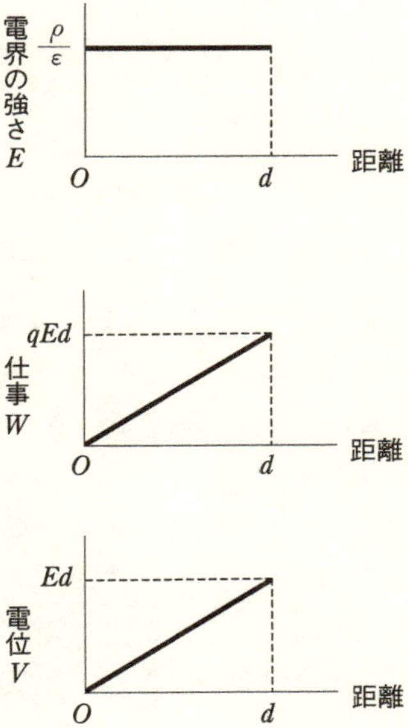

図14　電界、仕事、電位の関係

の仕事をすることになる。この仕事が位置エネルギーに対応する。ちなみに、「位置エネルギー」という言葉を知らなくても、この式の理解は容易である。この式は、「持ち上げる高さdが高いほど多くの仕事をする必要がある」こと、「物質の質量mが大きいほど多くの仕事をする必要がある」ことを示している。また、ある高さdに質量mの物質を持ち上げるのが地球上ではなく、仮に重力加速度が地球の1/6である月面上だったとしたら、仕事も1/6になる。

この式を先ほどの

$$W = qEd$$
$$= qV$$

の式と比べると、実によく似ていることに気づくだろう。質量mは電荷qと対応し、重力加速度gは電界の強さEと対応する。

したがって、電位を位置エネルギーとの類推で捉えるとわかりやすくなる。「電位差が大きい」場合は、「高低差が大きい」場合に対応するのである。このため、電流を水の流れにたとえると、「電位差が大きい」のは、「川の上流と下流の高低差が大きい」場合に相当する。高低差の大きい川の水流の勢いは強い。その水の圧力すなわち水圧が大きいというイメージと、「電圧」という言葉は対応しているのである。

電界や磁界が物理的な実在であるとすると、電気と磁気が作り出す現象を理解するためには、電荷や磁気のほかにこの2つを重要な要素として加える必要がある。いままで、「電荷」と「磁極」だけを対象として、これらの間に働く力だけを問題にしていたのだが、これからは

電荷　　　磁極　　　電場　　　磁場

の4つの要素の相互の関係を理解する必要がある。これらの間をつなぐ関係や性質を理解すること、それが電気と磁

気の世界の探検者たちにとっての挑戦だった。

4　もう一人の天才、アンペール

電流のまわりの磁界

1800年のボルタ電池の発明の後、電気と磁気の分野の研究に変化が起こったのは1820年のことである。デンマークのコペンハーゲン大学教授のエルステッド（1777～1851年）は、電線に電流を流すと近くに置いた磁石の針が動くことに気づいた（図15）。電流について講義をしていたときに、偶然発見したと言われている。これが「電流」と「磁気」の間をつなぐ最初の発見である。また別の見方をすれば、電磁石の発見（発明と言うべきだろうか）であるとも言える。

このエルステッドの新しい発見のニュースは、ただちにヨーロッパ中に広がった。中でも、特に敏感に反応したのはフランスの科学者たちだった。この情報がパリにもたらされると、フランスの科学者アンペール（1775～1836年）やビオ（1774～1862年）そしてサバール（1791～1841年）などが電気と磁気の関係を調べる研究にさっそくとりかかった。

このあたりのフランスの科学者の活躍は、フランクリンの研究が70年前にフランスに伝えられた場合とよく似ている。この70年の間に、フランスは「フランス革命」という動乱の時代に遭遇した。アンペールも父をフランス革命中

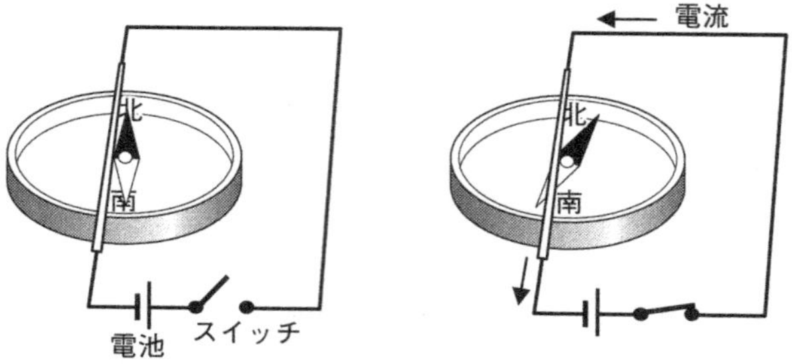

南北を指した方位磁石の上に、磁針とほぼ平行に電線を置きます。これに電流を流すと磁針が動きます。この実験は、乾電池（1.5V）1個の電源でも簡単に再現できます。ただし、電線が熱くなる場合があるので注意が必要です。通常磁針を動かすには、スイッチを一瞬の間だけONにするだけで十分です。

図15　エルステッドの実験

に亡くしている。しかし、この動乱を乗り越えて、フランスは科学の中心国であり続けたようである。

アンペールは早くから数学の才能を示し、リヨン高等学校の教師からスタートして順調に昇進していった。34歳でパリのエコール・ポリテクニクの教授に就任している。エルステッドの実験報告を聞いたのが45歳のときで、報告に接するやただちに実験を開始した。アンペールたちは磁石と電線の置き方を変えてみて、電線のまわりにどのような磁力が発生しているかを調べた。

電線に電流を流して磁石の針を動かす実験は、簡単にできる。興味のある方は挑戦してみてほしい。用意するものは、乾電池と電線、それに方位磁石である。

南北を示す方位磁石は、極めて微弱な地磁気に反応して

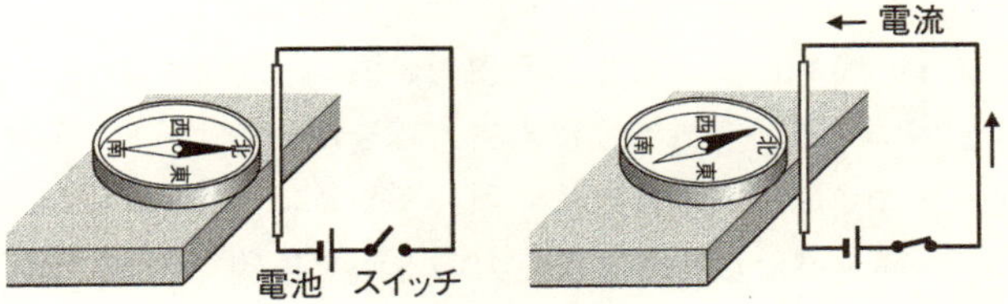

方位磁石の北側に、鉛直方向に電流を流します。
上の図のように電流を流した場合には針は西側に振れます。

図16　アンペールの実験①

南北を向くように設計されている。したがって、電線に電流を流して磁界を発生させられれば、簡単に磁石の針の向きを変えることができる。例えば図15のように南北を指した磁石の針に平行に、電線をセロハンテープで貼り付ける。この電線に電池をつないで一瞬電気を流すと、方位磁石の針は動く。

別の配置で試みることも可能である。例えば、その次の図16のように電線を垂直に立てて、磁石のS極やN極に近づけるのも可能である。この場合は、遠い距離ではわずかに針が動くが、電線を磁石に近づけるにつれて針の変化が大きくなっていく。これは距離が近いほど磁力が大きいことを意味している。また、つなぐ電池の数を増やして電流を増やすほど、針の動く角度が大きくなることも観察できる。これは電流が大きいほど磁界が強くなることを意味する。

これらの一連の実験から、電線によって生じる磁界がどのような関係で表されるのかを考察してみよう。

まず、電線によって生じる磁力の方向を考えてみる。空間に広がる電界を表すには電気力線を用いるように、磁力を表すときには**磁束線**を用いる。磁束線は、空間のある場所にN極を置いたときに働く力の方向を矢印で表し、磁力の強さ（正確には磁束の強さである。磁束については第1部第5章で説明する）を磁束線の密度で表す。

最初の実験の場合を考えてみよう。方位磁石の上に平行に電線を貼り付け、北極側から南極側に電気を流すと、先ほどの図のように方位磁石の針のN極は右に、S極は左に動く。これは、磁束線の方向が図の左から右に向かっていると考えればつじつまが合う。電流の向きを逆にするとどうなるだろうか。やってみるとわかるが針の動きは逆になる。

2番目の実験ではどうだろうか、図16のように配置して電流を流してみると、針は紙面の奥方向に動いた。すなわ

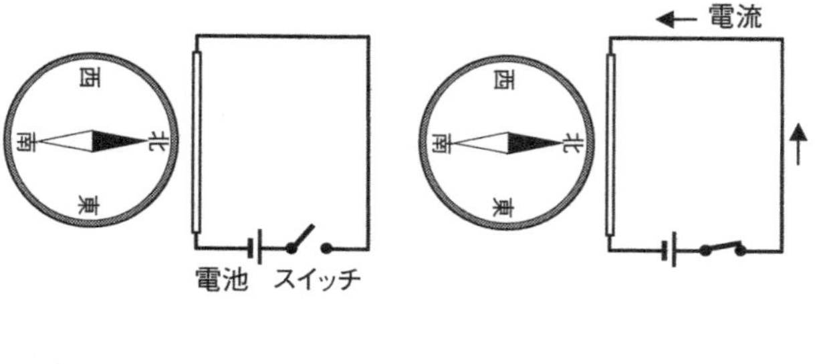

方位磁石の北側に、水平に電線を置き、電流を流しました。
このとき針は東西方向には振れませんでした。

図17　アンペールの実験②

ち、磁束線の方向も手前から奥方向である。

次に地面に水平に電流を流してN極やS極に電線を近づけるという配置ではどうだろうか（図17）。この場合は、磁石の針は左右には動かなかった（実は上下には動く）。したがって、電流と平行な方向には磁力が働いていないことがわかる。

アンペールは、これらの関係を整理して、電線のまわりには電流の方向に対して右まわりの磁束線が走っていると考えた。図18のように右手の格好をしたとき、親指が電流の方向で、４本の指の方向が磁界の方向になると覚えれば簡単である。

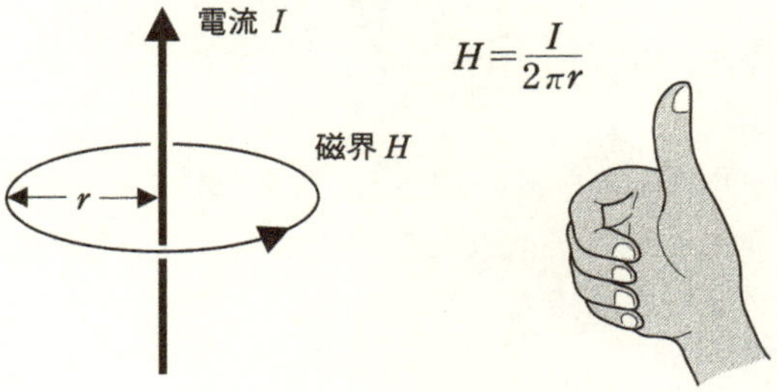

右手の親指を電流の方向に向けると
残りの指が磁界の方向を指します。

図18　電流と磁界の関係

次に、磁力の方向以外に先ほどの実験から浮かび上がった事実を挙げてみよう。

・磁力の強さは電線に近づくにつれて強くなる。なぜなら、電線と磁石の距離が小さくなるほど針の動きが大きくなるから。

・磁力は、電流を大きくすると強くなる。なぜなら、直列につなぐ電池の数を増やすと針の振れが大きくなるから。

この2つの事実に関係している量は、

・**磁力の強さ**
・**電線からの距離**
・**電流の大きさ**

の3つである。このお互いの量の間の関係は、先ほどの実験を行う際に、厳密にこれらの量を測定すれば出てくるはずである。

アンペールは精密な測定を行い、電流 I が流れる直線の電線から垂直に距離 r 離れたところに生じる磁界の強さ H が、次のような関係式で表されることを明らかにした。

$$H=\frac{I}{2\pi r}$$

この式は、電流 I が大きいほど磁力が強くなり、距離 r が大きくなるほど、磁力が弱くなるという先ほどの実験結果に対応している。アンペールが導いたこの関係を、**アンペールの法則**と呼ぶ。先ほどの図の関係なので頭の中に入れ易いはずだ。$2\pi r$ は円周を表すので「電流」を「円周」

で割れば磁界の強さになるという関係である。

　このアンペールの法則によって初めて、

「電流」と「電流のまわりに生じる磁界」

の関係が明らかになった。

　さて、このアンペールの法則だが、人間の自然な探究心にしたがうと、「電流のまわりに、どうして『右まわり』の磁界が発生するのだろうか？　この関係の内部にはまだ隠されているもっと根本的な関係があるのではないだろうか？」というさらなる疑問も浮かんでくる。しかしこの問いには、アンペールやビオやサバールも答えを見つけられなかった。筆者もその答えを知らない。

　物理学の理解としては、この関係を

これ以上分解して理解することが
不可能な基本的な関係　＝法則

であるとして受け入れるということを意味する。つまり、この関係を一つの基礎として受け入れ、その上に電磁気学を構築するということである。

　こうして築き上げられた電磁気学という思考の体系は、人類に多大な恩恵を施している。その例はみなさんの日常生活の中に容易に見出すことができるだろう。もっとも、将来においては、人類がさらに本質的な理解を得る可能性はあるかもしれない。

アンペールの法則の別の表現──ビオ-サバールの法則

アンペールの法則は、無限に長い直線状の電線によって生じる磁界を表している。この世の中に「無限に長い直線状の電線」は存在しないが、アンペールは距離 r に比べて十分長い直線状の電線を使って実験を行った。しかし、この式を使って電流のまわりに生じる磁界の強さを求めようとすると、曲がった電線の場合には適用できない。何しろ「無限に長い直線状の電線」のまわりに生じる磁界の強さを表す式なのだから。したがって、曲がった電線やずっと短い電線によって生じる磁界の強さを表す式があれば大変便利である。

フランスのビオとサバールは、非常に短い電線が生み出す磁界の強さを導くことに成功した。曲がった電線は、折れ曲がった短い電線で近似できるから、ビオとサバールが導いた式は曲がった電線にも適用できる。彼らは、微小な長さ Δs の直線状の電線から垂直に距離 r 離れた場所で生じる磁界の強さ H は

$$H=\frac{I\Delta s}{4\pi r^2}$$

と表されることを明らかにした。これをビオ-サバールの法則と呼ぶ。もちろん磁力の発生方向はアンペールの法則と同じである。

このビオ-サバールの法則とアンペールの法則は、どちらも電流によって生じる磁界の強さを表している。違い

は、繰り返しになるが、ビオ-サバールの法則が微小な長さ Δs の電線を流れる電流によって生じる磁界を表す式であるのに対して、アンペールの法則は無限に長い直線状の電線によって生じる磁界を表しているという点である。

したがって、微小な長さの電線によって生じる磁界を全部足して、無限に長い直線状の電線によって生じる磁界を計算すれば、アンペールの法則に等しくなる（巻末付録）。高校の物理ではアンペールの法則しか学ばないのだが、ビオ-サバールの法則の方が複雑な形状をした電線にも対応させられるので役に立つ場合が多い。

このビオ-サバールの法則をもとに、磁力の強い電磁石の作り方を考えてみよう。

1本の電線のまわりに先ほどのような磁力が発生するということから、電線を輪（コイル）にすれば、コイルの内側に同じ方向の磁力が集まって磁力の強い場所が生まれることが予想できる（図19）。このときのコイルの中心での

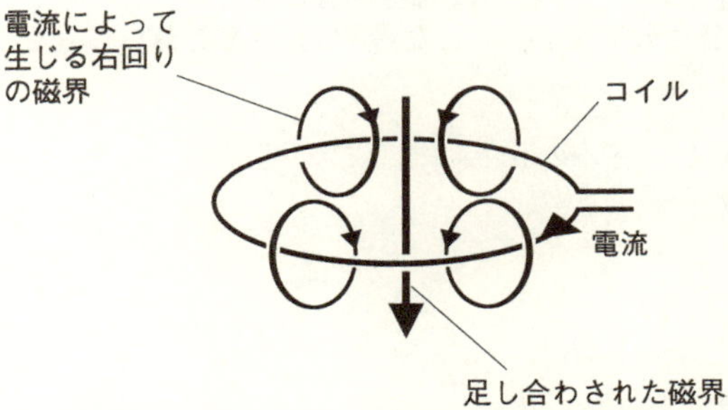

図19　電線をコイルにすると、コイルの内側に強い磁力が生じる

磁界の強さHを求めてみよう。

この計算にはビオ-サバールの法則が役立つ。まず、電線が限りなく円に近い多角形（辺の数がn個のn角形）になっていると仮定しよう。そうして、その多角形の1辺Δsがコイルの中心に作る磁界の強さを求めてみよう（図20）。各辺による磁界の強さに名前をつけてH_1、H_2、…

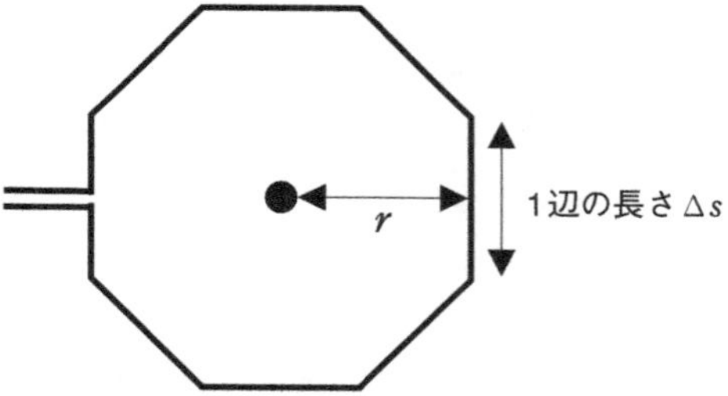

図は、八角形のコイルです。しかし、ビオ－サバールの法則は、非常に短い電線に対して成り立つので、1辺が長い八角形ではかなり大きな間違いを含んでいます。したがって、辺の数が限りなく多い多角形の方が正しい答えを与えます。

図20　円形コイルの中心の磁界の強さを計算するために、多角形コイルの中心の磁界の強さを計算してみる

H_nとすると、各辺の長さは同じなのでビオ-サバールの法則から

$$H_1 = H_2 = \cdots = H_n = \frac{I\Delta s}{4\pi r^2}$$

となる。この磁界の強さをコイルの1周分にわたって足し

算すれば、コイルの中心での磁界の強さが求まる。したがって、コイルの中心での磁界の強さHは、

$$
\begin{aligned}
H &= H_1 + H_2 + \cdots + H_n \\
&= n \times \frac{I \Delta s}{4\pi r^2} \\
&= n\Delta s \frac{I}{4\pi r^2}
\end{aligned}
$$

となる。n角形のnの数を限りなく大きくすると（6角形より、100角形の方がよく、100角形より 無限角形＝円 のほうがよい)、n角形のまわりの長さ$n\Delta s$は限りなく円周の長さ$2\pi r$に近づく。したがって、先ほどの式は

$$
\begin{aligned}
H &= 2\pi r \frac{I}{4\pi r^2} \\
&= \frac{I}{2r}
\end{aligned}
$$

となる。これがコイルの中心に生じる磁界の強さである。高校の物理では、天下り式に与えられるだけだが、ビオ-サバールの法則を使えばこのように導ける。

コイルが1重の場合に比べて、2重の場合にはそれぞれのコイルが作る磁界が足し合わさって強くなるだろうと予想できる。また、2重よりも何重にも重ねた方が磁界は強くなるだろう。コイルが非常に多く幾重にも続く場合に

は、コイルの内側の磁界の強さはどうなるだろうか。相当強い磁界が発生しているだろうと推測できる。

このような非常に長いコイルを、「ソレノイド」と呼ぶ。このソレノイドの内側の磁界の強さは、実は

$$H=nI$$

となる。nはソレノイドの長さ1メートルあたりのコイルの巻き数である。電流の大きさIが同じであれば、1メートルあたり100回の巻き数のコイルより1000回巻いたコイルの方が、10倍大きい磁界を作れるというわけである。

コイルの巻き数が多いほど磁界の強さも大きくなるので、このコイルは電磁石として広く使われている。このソレノイドの内側の磁界の強さを表す式も、高校では天下り的に与えられるだけだが、第2部第1章でアンペールの法則をバージョンアップした後で求めてみよう。楽しみにしておいてほしい。

強い電磁石を作る方法

何重にも重ねたコイルで、強い電磁石ができることがわかった。このコイルの端に磁石や鉄粉を近づけると、磁力によって引きつけられる。そのときソレノイドの中心にできる磁界の強さは $H=nI$ なので、コイルの巻き数nを増やせば、磁力はどんどん強くなる。しかし、コイルの巻き数を増やす方法以外に、さらに強い電磁石を作る手段はないのだろうか。

答えはある！

その方法は実験中に偶然発見されたものだが、意外に簡単な方法だった。それは、コイルの中心に鉄の棒を入れるというものである。そうすれば、コイルの端に引きつけられる鉄粉の量が、はるかに多くなることが実験で明らかになった。このときの磁力の強さを測ってみると、鉄の棒がない場合に比べてなんと5000倍も大きくなっていることがわかった。狸にでも化かされているような話である。いったい鉄の棒の中で、何が起こっているのだろうか。

アンペールは、この謎に挑戦した。そして彼は、鉄は小さくて強力な永久磁石が集まってできていると推測した。ただしそれらの小さな磁石は、普通は様々な方向を向いている。しかしコイルによって磁界がかかるとその磁界の方向にその小さな磁石たちが向きをそろえる。地球の地磁気の方向に方位磁石が向きをそろえるのと同じである。向きをそろえた多数の磁石の磁束線は同じ方向にそろうので、強い磁力を発生すると考えたのである（図21）。この推測が正しいことは20世紀に入って実証され、アンペールの洞察力のすばらしさを証明した。

この小さな磁石の向きは磁界の強さをゼロにすると、またバラバラの方向に戻ろうとする。しかし完全にはバラバラにならずに、先ほどの方向に向いたままの磁石も残る。このため鉄の磁力はゼロにはならず、ある大きさのまま残る。この磁力を持ったままの鉄を、私たちは普段「磁石（永久磁石）」と呼んでいるわけである。

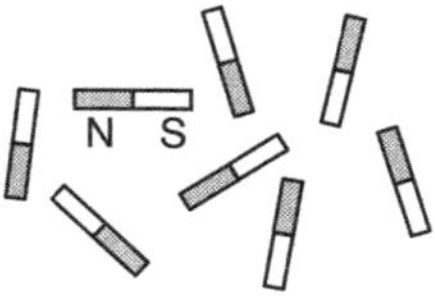

鉄は、小さな磁石の集合体です。外部から磁界がかかると、この小さな磁石が向きをそろえます。

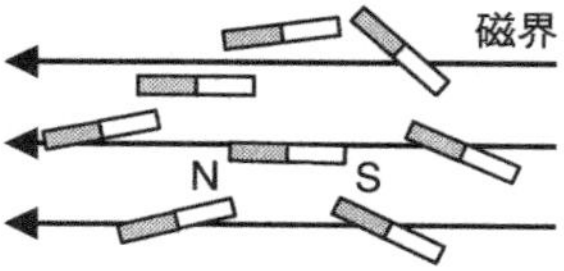

向きのそろった磁石から強い磁力が生じます。磁界が強いほど多くの磁石の向きがそろいます。

図21　鉄の中身は何？

強い電磁石を作るためには、鉄を入れればよいことがわかったが、さらに強い磁力を発生させる材料はないのだろうか。科学者たちの努力によって、現在ではスーパーパーマロイと呼ばれる合金が作り出されている。スーパーパーマロイは、コイルだけの場合に比べて10万～100万倍もの強さの磁力を発生させられる。この「鉄」や「パーマロイ」のように、磁界がかかると同じ方向に強い磁力を発生させる材料を**強磁性体**と呼ぶ。

磁力の強さを表現する方法

コイルの中に鉄の棒を入れると磁力が強くなることがわかったが、そのためにかえって「磁力の強さ」を表す方法に混乱を生じることになった。なぜなら、鉄の棒がある場合とない場合のどちらも、コイルを流れる電流によってコイルの中心に生じる磁界の強さHは同じはずだからである。だとすると、鉄の棒の端に現れている磁力の強さはHでは表現できない別の量であるということになる。

そこでこの磁力の強さを表す量として、**磁束密度**という物理量が考え出された。実際の磁力の強さに対応する量であり、通常Bで表現される。磁束密度というといかめしい名前だが、みなさんが普通考える「磁力の強さ」に対応すると考えてよいのである。

この磁束密度を、数式ではどう表すのか見てみよう。まずコイルの中心に何もない（厳密には空気もない）ときには、コイルが作り出す磁界の強さHと磁束密度Bの間には

$$B = \mu_0 H$$

の関係が成り立つと定義する。単純な比例関係である。μ_0には**真空の透磁率**という名前を付け

$$\mu_0 = 4\pi \times 10^{-7}\ \mathrm{N/A^2}$$

と決める。単位はN（ニュートン）をA（アンペア）の2乗で割ったものになる。真空での「磁界の強さH」と「磁束密度B」はこのようにμ_0倍だけ大きさが違うと決めたわけである。

これに対してコイルの中心に鉄の棒などがあるときは、磁束密度と磁界の強さの関係には

$$B = \mu H$$

の関係が成り立つと考える。このμはその物質固有の透磁率で、鉄の場合は真空の透磁率μ_0の約5000～１万倍に達する。すなわちソレノイドの中心に作られる磁界の強さがHであるとすると、コイルの中心に鉄の棒を入れた場合、何もない場合（$B = \mu_0 H$）の5000～１万倍もの磁束密度（$B = \mu H$）を作り出すことができるが、このμで磁力の強さが5000～１万倍になるという変化を表現するわけである。

実際の電磁石を作るときには、この透磁率は磁石の強さを決める量なのでとても大事である。私たちの身のまわりにある電磁石は、通常は安価な鉄製の芯が入っている。しかし、特別に強い電磁石を必要とする場合には鉄ではなく、先ほど述べたスーパーパーマロイのような特別な材料が使われる。

電磁気学で「磁束密度」という言葉が現れるところには、ほぼ必ず強磁性体が関わっている。この本の後半でも、磁束密度Bを含んだ式が現れるが、それらの式を応用した器械や電気製品では、鉄やパーマロイが関わっていると考えて間違いない。

磁力の強さや向きを表すために「磁束線」を使ったが、磁束線はこの磁束密度の方向に沿って線を引き、磁束密度の大きさに比例してその線の密度を大きくした（線の数を増やした）線である。

アンペールの力

エルステッドによって電磁石が発見された翌年、フランスのアンペールによってもう１つ重要な法則が発見された。それは、「電線を磁界の中に置いたとき、電線に力が働く」という法則である。これを「アンペールの力」と呼ぶ。

アンペールの力を観測するための実験は、先ほどのエルステッドの一連の実験と極めてよく似ている。先ほどの実験は、電流を流して方位磁石の針を動かすというものだった。エルステッドの実験とアンペールの力の実験との違いは、方位磁石の代わりに強い磁石を用いるという点である。

例えば、図22のように、磁石によって生じる磁界の中

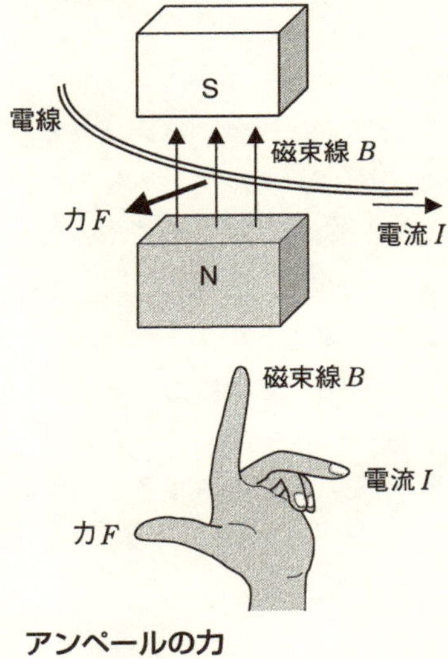

磁界中で電線に電流を流すと、磁界と電流に垂直な方向に力を受け、しなります。
S
電線
磁束線 B
力 F
電流 I
N
磁束線 B
電流 I
力 F
左手の親指、人差し指、中指が、力F、磁束線B、電流 I の方向に対応します。

図22　アンペールの力

に、磁束線と垂直に電線を水平に張る。このとき電線をピンと張らないで、少し緩めておく。この電線に電流を流すと、電線に力が働いて電流と磁界の両方に垂直な方向に電線がしなる。

先ほどのエルステッドの実験や一連のアンペールの法則の実験では、方位磁石が微弱な磁力を発生させているので、電線を方位磁石に近づけたときに、電線にはわずかにアンペールの力が働いていた。ただし、それがあまりに小さいので、エルステッドはこの力を見逃してしまったのだ。

それに対してアンペールはより総合的な実験を行い、方位磁石と電流の関係だけでなく、このように強い磁石と電流の関係や電流と電流の関係などをていねいに調べて、アンペールの力を発見した。

このアンペールの力の方向は、「フレミングの左手の法則」を使えば簡単に覚えられる。左手の親指、人差し指、中指の順に、アルファベットのF、B、Iを対応させる。テレビや映画によく出てくる「アメリカ連邦捜査局」の略称FBIと同じ順番である。この対応にしたがって、人差し指を磁束線Bの方向に向け、中指を電流Iの方向に向けると、親指の方向に力Fが働く。

アンペールの力の大きさについては、精密な実験が行われ、電流Iが流れる長さlの電線に働く力の大きさは

$$F = IBl$$

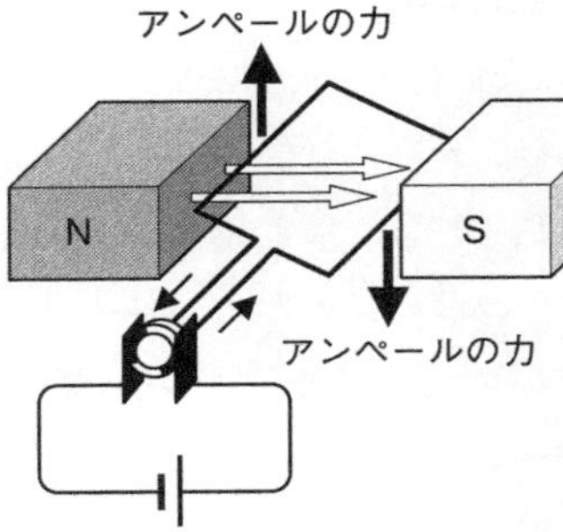

コイルの左側では図の下方から上方に向かってアンペールの力が働き、右側では図の上方から下方に向かってアンペールの力が働きます。この上下に方向の異なる力によってコイルは回転します。

図23　モーターのしくみ

になるという結論が得られた。ただし、この式が成り立つのは電流の方向と電線、そして磁界がお互いに垂直な場合であって、垂直でない場合はほんの少し複雑になる。

このアンペールの力は、磁界の中に電線を置いて電流を流せば力を生み出せることを意味する。すなわち、磁界と電流の組み合わせから、「力」が取り出せるのである。

このアンペールの力を使って動力を生み出す機械の代表は、みなさんの身のまわりに数多くある電気モーターである（図23）。

電気モーターの内部には磁石があり、この２つの磁石の間の磁界の中に、コイルが置かれている。このコイルに電流を流すと、コイルの左側と右側には上下の向きの異なる力が働き、コイルは回転する。このような電気モーターは多くの家電製品に使われていて、私たちの身のまわりに数多くある。CDプレーヤーやMDプレーヤー、それにビデオデッキの中などで、静かに仕事をしているモーターも数多い。

1960年代に日本の家庭には、多くの家電製品が普及した。当時、「身のまわりに多くのモーターがあるほど生活が豊かである」と言われた。モーターは家庭生活の電化を象徴する存在だったのである。

現代では、さしずめ「身のまわりに多くのマイコン（マイクロコンピューター）があるほど生活が豊かである」とでも表現できるだろう。ビデオデッキから、洗濯機それに炊飯器に至るまで内部では小さなマイコンが働いている。炊飯器でおいしいご飯が炊けたり、タイマー予約ができたりするのは、マイコンが電気釜を制御しているおかげである。

もちろん現在でもモーターの重要さは昔と少しも変わらず、私たちの生活を助けてくれている。モーターは電気のエネルギーを運動エネルギーに変える機械だが、摩擦が少なく滑らかに回転させられれば運動エネルギーの損失を少なくすることができる。このため、現代でも日々改良が加えられている。冷蔵庫や、エアコンの消費電力が10年前や20年前に比べて少なくなっているのには、モーターの改良も一役かっている。

一方、モーターの変わり種の１つとしては、なめらかな回転ではなく、むしろバランスを崩して大きな振動を生じさせるものもある。この振動の大きいモーター（？）は、どこに使われているか予想がつくだろうか。実は、携帯電話のバイブレーターとして使われている。電話の着信を知らせるのが目的なので、小さな電力で大きな振動が発生するよう設計されているのである。

電流の単位

2本の電線を平行に張ってそれぞれに電流を流すと、それぞれの電流の方向によって2つの電線が引き合ったり反発しあったりすることは、エルステッドの実験の発表の後、すぐにアンペールが見出した。この電流が流れている2本の電線の間に働く力は、当初クーロン力と誤解された。

空間的に離れた電荷の間に働く力と、空間的に離れた電線の間に働く力は、一見とても似ているように考えられたのである。しかし、電線の電流を止めると電線の間に力は働かない。したがって、クーロン力では説明できないのである。

2本の電線の間でクーロン力が生じないのは、理由がある。

私たちが普段接している家電製品では、0.1アンペアから1アンペア程度の電流が流れている。次ページで詳しく述べるように、クーロンの定義は「1アンペアの電流が1秒間に運ぶ電気量を1クーロンとする」だから、1クーロン程度の電荷が身のまわりにごろごろしているわけである。2つの1クーロンの電荷を1メートル離れたところに置いたとき、約90万トンに相当する力が働くというのがクーロンの法則だった。

90万トンというのは恐ろしい力で、巨大タンカーの約2倍程度の重さである。もし本当に電線の間にクーロン力が生じるのであれば、電化製品の回路はこの恐ろしい大きさの力によってたちまち壊れてしまうだろう。また、部屋の中の電線にこんな巨大なクーロン力が働けば、部屋は一瞬のうちにめちゃめちゃになってしまうだろう。なぜ、そんなことにならないのだろうか。

実は、電線の中には電流として動く電荷のほかに、符号が反対で同じ大きさの電荷が存在している。電線を構成する金属の原子は、もともと電気的に中性なのだが、電流として流れる電荷を放出すると、反対の符号の電荷になる。したがって、電線は電気的には中性で、電線と電線の間にクーロン力が働くことはないのである。

電流が流れる2本の電線の間に働く力は、やがて、アンペールの法則によって片方の電線のまわりに磁界が生じ、その磁界によってもう片方の電線にアンペールの力が働くことによって生じることがわかった。

電流の単位はアンペールにちなんでA（アンペア）と名づけられた。1アンペアの電流値は、この実験をもとに決められた。すなわち、1メートル離して平行に張った2本の電線にそれぞれ同じ大きさの電流を流したとき電線の間に働く力が 2×10^{-7}N であるとき、その電流値を1アンペアと定義することになった。

電荷の単位であるクーロンはこれをもとに、「1アンペアの電流が流れている電線の断面を、1秒間に横切る電荷を1クーロンとする」と決められた。表現を変えると「ある電線の断面を毎秒1クーロンの電荷が横切って流れているとき、その電流値を1アンペアとする」ことになる。(注：したがって、第2章で述べたクーロンの法則の k の値は、クーロン力の測定の実験結果に、こうして決めた電荷の単位クーロンを用いて得られた値である。)

アンペールは、**アンペールの法則**と**アンペールの力**という2つの重要な関係を発見した。一方は電流によって生じる磁界を表し、もう一方は磁界の中に置いた電流に働く力を表す。さらに応用面では、アンペールの法則は電磁石の発明につながり、アンペールの力は電気モーターの発明につながった。どちらも極めて重要な役割を社会の中で果たしている。電磁気学の確立に中心的な役割を果たした天才的な科学者だった。

アンペールの力は後に「電子」が発見されてから、「ローレンツ力」と呼ばれる力として理解されることになった。ローレンツ力はあとで説明するが、

アンペールの力とローレンツ力

の2つが同じ内容であることを、記憶に残しておいてほしい。

5　最後の壁、電磁誘導

残された可能性

アンペールの法則は、

電流が**磁界**を生み出す

ことを示し、また、アンペールの力は

電流を**磁界**中に置くと**力**が生まれる

ことを表している。

1820年から21年にかけてのエルステッドやアンペールらによるこの2つの発見は、いままで化学の研究に電流を使っていた多くの科学者を一時期「電気と磁気の研究」に振り向かせることになった。しかし、電気と磁気の研究はこれから約10年間ほぼ進歩が止まった。この間の科学者たちの主な研究は、やはり化学に関するものだった。

新しい動きが現れたのは、1831年のことである。ファラデーによる電磁誘導の法則の発見である。

アンペールらがまとめた先ほどの2つの関係に現れた物理量は、

電流　磁界　力

の3つである。そして、これらの3つの物理量の相互の関係から最後に生まれたのは、「アンペールの法則」では**磁界**、「アンペールの力」ではその言葉どおり**力**だった。

ファラデーは、これらの関係から推測を進めて、最後に**電流**が生まれる関係が、まだ自然の中に隠されているのではないかと考えた。「アンペールの法則」と「アンペールの力」の2つの関係をもとに考えると、**磁界**から**電流**を生み出す関係か、あるいは**磁界**と**力**の組み合わせによって**電流**が生まれる関係が存在するはずである。

ファラデーはまず「アンペールの法則」の「電流」と「磁界」の関係に注目して、磁界のそばに電線を持ってきて電気が流れないかどうかをまず調べてみた。しかし、磁石のそばに電線を置いただけでは電気は流れなかった。したがって、「磁界」のみから直接「電流」を生み出すような自然法則はないということになる。

この結果に落胆して、多くの科学者はここで追究の手を止めた。しかし、ファラデーはあきらめなかった。なぜなら、もう1つの可能性が存在することに気づいていたからである。もう1つの可能性とは、「アンペールの力」と同様に**磁界**と**力**の組み合わせによって**電流**が生まれる関係である。

そしてファラデーは、ある条件で電流を発生させることに成功したのである。その条件とは次のようなものだった。まず、磁石が作った磁界の中にコイルを置く。そして、コイルの端に電流計をつないでおく。この状態では電気は流れない。ところがここで磁石を動かして磁界の強さ

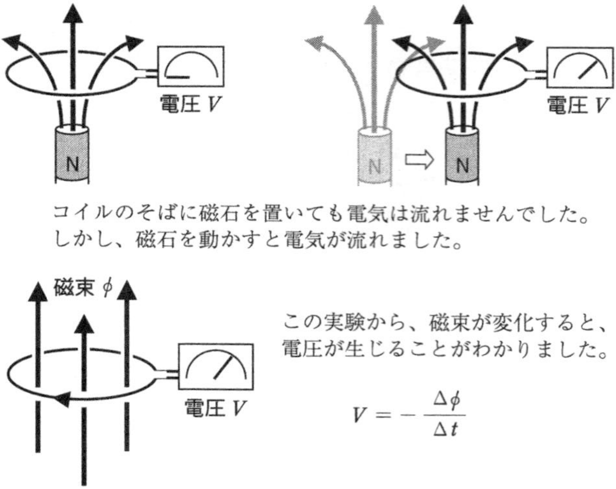
電圧 V
N
N
N
電圧 V
コイルのそばに磁石を置いても電気は流れませんでした。
しかし、磁石を動かすと電気が流れました。
磁束 ϕ
電圧 V
この実験から、磁束が変化すると、
電圧が生じることがわかりました。
$V = -\dfrac{\Delta\phi}{\Delta t}$

図24　磁界の強さが変化するとコイルに電気が流れる

を変化させると、電気が流れた。つまり変化しない磁界は電気を発生させないのだが、磁石に「力」を加えて動かすと、磁界が変化して電流が発生したのである（図24）。

この磁界の変化によって電流が生まれる現象は「電磁誘導」と名付けられ、電磁誘導によって生じる電流は「誘導電流」と呼ばれることになった。電磁誘導はさらに詳しく調べられ、短い時間 Δt の間に、コイルの内側を横切る磁束 ϕ（磁束密度×コイルの内側の面積）が $\Delta\phi$ 変化したとき、電線に発生する電圧 V の大きさはこの磁束の変化の割合 $\Delta\phi/\Delta t$ に等しいことがわかった（Δ は少しの変化を表す）。式で書くと

$$V = -\frac{\Delta \phi}{\Delta t}$$

という関係になる。

ここで気をつけないといけないのはマイナスがついていることで、これはコイルを貫く磁束が変化するとき、その変化を妨げる向きに「誘導電流による磁界」が発生するようにコイルに誘導起電力が生じることを意味する。詳しく言うと、「電圧Vの誘導電流が発生すると、この電流はアンペールの法則によって磁界を発生させる」が、「この磁界の方向が、もともと存在した磁束ϕの変化を妨げる磁界になるように誘導電流が流れる」ということである。

もし、この式の符号がプラスだったらどうなるだろうか。これがプラスであれば、少し磁束が変化すると、その磁束の変化を増大させる方向に電気が流れ、その電流によってさらに磁束が増大し、この増大する磁束に比例して電磁誘導によってさらに電流が増大し……という関係がまたたく間に繰り返されて、電流が大きくなり、すぐに電線は焼き切れてしまうだろう。もちろんそういう現象は目にしたことがない。それは先ほどの式にマイナスの符号がついていたからである。

もう1つ気をつける点は、コイルの中を貫く「磁界」ではなくて、「磁束」が関係していることである。このコイルの中心に鉄芯を入れれば、磁束密度は真空の透磁率の5000倍以上に達する。外から加えられた磁界の強さの変化がわずかであっても、コイルの中に鉄芯を入れておけば、磁束の変化は極めて大きくなる。したがって、誘導電流も極めて大きくなるはずである。

このファラデーの電磁誘導の法則の発見によって、人類は電池に頼らないで電流を生み出すことが可能になった。なぜならこの電磁誘導の法則を利用して、電流を発生させる装置が発明されたからである。すなわち発電機の登場である。

現代社会は電磁誘導の法則に多大な恩恵をこうむっている。ボルタが作った電池は電流を発生させることができるが、みなさんが身近な乾電池で体験しているように、使っているうちに電流は減っていき、やがて流れなくなる。また、電池が使われているところを思い出してもらえばわかるように、ヘッドフォンステレオのようなあまり電気を使わない携帯型の電気機器に主に使われている。したがって、電池だけで現代社会を支えることは不可能であることがわかる。大きな電力は、発電機の発明によって初めて使用可能になったのである。

発電機のもっとも簡単な原理図は、先ほど説明した直流モーターと同じ構造をしている（図25）。違いは、モーターは電気を流して動力を取り出すのに対して、発電機は動力を加えて電気を取り出す点である。したがって、発電機の場合は図の中央のコイルを回転させる必要がある。

このコイルは、永久磁石にはさまれているので磁束線がコイルを横切っている。しかし、コイルは回転するので、その回転角によってコイルの内部を抜ける磁束線の数は変

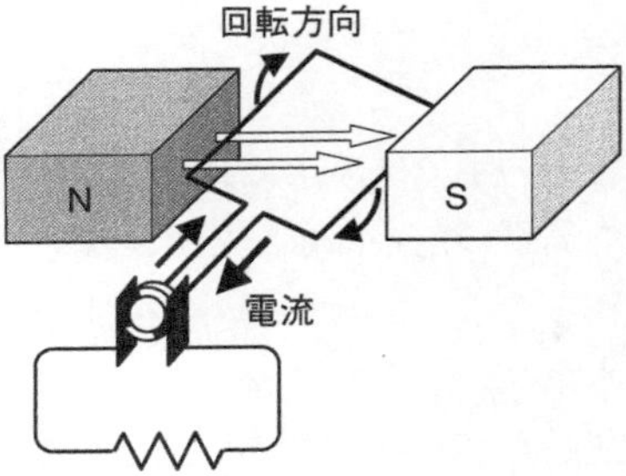

この図の位置では、コイルが回転するにつれて磁界を横切るコイルの断面積が増えて磁束は増えていきます。コイルに流れる誘導電流の方向は、誘導電流によって生じる磁界がこの変化を妨げる方向になるので、図の矢印の方向に電流が流れます。

この誘導電流は、アンペールの力でも説明できます。コイルの左側では図の下方から上方に向かって電線は動いており、右側では図の上方から下方に向かって電線が動いているので、電線の中の電荷についてアンペールの力を考えると、先ほどの電磁誘導の法則で導かれる電流と同じ電流が算出できます。

図25　発電機のしくみ

化する。例えば、コイルが上を向いているときにはコイルを抜ける磁束はゼロになり、コイルの面がN極かＳ極を向いているときはコイルを抜ける磁束は最大になる。ファラデーの電磁誘導の法則では、磁束の変化に比例して電圧が発生するので、コイルを回転させればこのコイルに電気が流れることになる。

このとき誘導電流はもともとの磁界の変化を打ち消す方向に流れるので、誘導電流によって生じる磁界と、もともとの磁石による磁界には反発する力が働く。したがって、外から力を加えてコイルを回し続けるためには、力を加え続けなければならない。物理的な仕事をし続けなければならないのである。この発電機の動力源として、原子力、火力、水力の３つが主に使われている。いずれの場合も、力学的なエネルギーを電気エネルギーに変換することになる。

現在のところ、日本の電力の主力は原子力発電である。その次が火力発電で、水力発電の割合はもっとも少ない。水力発電は、川にダムを作って水をせき止め、その水を別の通路を通じて発電機の水車のところまで導く。このとき地球の重力によって水は運動エネルギーを持ち、それを発電機を回転させるエネルギーとして使うわけである。

原子力発電の場合は、ウランの核分裂で生じる熱を使って水を沸騰させ蒸気を発生させる。この蒸気の運動エネルギーを使って発電機のタービンを回す。

火力発電は、石油か石炭あるいは天然ガスを燃やして水を沸騰させ蒸気を発生させる。この蒸気を使って発電機のタービンを回す。原子力発電というと、火力発電とまったく異なる発電のような気がするが、違うのはお湯の沸かし方だけで、核分裂によって生じる熱でお湯を沸かす点に特徴がある。

この3つのエネルギー源のうち、水力発電は日本ではほぼ開発し尽くされていてこれ以上の開発はかなり難しい。また、水力発電だけで日本の電力事情を支えるのは到底不可能である。したがって、火力発電と原子力発電が日本の電力需要を支える主な発電方式になっている。火力発電の燃料である石油や石炭、それに原子力発電の燃料であるウランも数百年で枯渇すると予想されている。化石燃料の燃焼による環境汚染や、原子力発電所が生み出す核のごみと呼ばれる廃棄物を将来にわたってどう処理するかも真剣に考えなければならない問題である。新しい知恵が期待されている。現代文明を支える電気は貴重なエネルギーなので、無駄にしないことが望まれている。

$\Delta\phi/\Delta t$ の意味

電磁誘導の法則では、$\Delta\phi/\Delta t$ という式が出てきたが、この式と「微分」の関係を見ておこう。といっても、磁束 ϕ という量は読者のみなさんにとってあまりなじみがないと予想されるので、ここでは磁束 ϕ を距離に置き換えて式の意味を考えてみよう。「微分」というと身構える方もいると思うが、読んでいただければわかるように簡単な概念である。

距離を L で表すことにすると、距離の時間変化 $\Delta L/\Delta t$ は速度を表す。例えば、Δt が１時間であって、その間に進んだ距離 ΔL が200キロメートルのときは、$\Delta L/\Delta t$ は時速200キロメートルになる。時速200キロメートル出せる乗り物というと、新幹線やＦ１カーが頭に浮かぶ。

さて、ここで考えてみたいのは「時速200キロメートル」という表現である。なにげなく使っているが、もともとの意味は、いま述べたように「このスピードで１時間走ると200キロメートル進む」という意味だ。例えば、東京と新大阪間552キロメートルを新幹線が2時間50分で走り抜けたとすると、時速は195キロメートルになる。

しかし実際の乗り物では、もちろん１時間続けて時速200キロメートルを維持して走るわけではない。新幹線でも駅の構内を走るときは減速したり、停車したりするので、先ほど求めた時速は「平均の時速」である。

これに対して、駅から離れた郊外の直線の線路で「時速250キロメートルを出した」とか、駅の構内に「時速50キロメートルで進入した」、というふうに表現するときの「時速250キロメートル」や「時速50キロメートル」などとなにげなく使っているスピードは、それぞれの「瞬間でのスピード」を意味している。こういうある瞬間の速度を「瞬間速度」と呼ぶ。したがって、瞬間速度が「時速250キロメートル」であるというのは、「仮にその瞬間の速度で1時間走れば250キロメートル進めるスピードである」という意味を持つ。

新幹線でなくても、普通の車のスピードメーターが表している時速60キロメートルだとか、時速30キロメートルだとかはすべて瞬間速度である。もちろん、野球の球速の時速150キロメートルとか140キロメートルというのも瞬間速度であって、ピッチャーが投げたボールが1時間飛び続けて150キロメートル向こうまで飛んでいくのを見たことのある人はいないだろう。したがって、我々が日常生活で接している「速度」という概念は、ほとんどの場合、瞬間速度を表していると考えてよい。

もっと正確な速度、それが微分

このように瞬間での速度というのは、短い時間で短い距離を割った値になる。具体的に見てみると、例えば、10秒間に500メートルの距離を走ったときの速度は、

速度＝距離÷時間
　　＝500m÷10 s
　　＝50m/ s

となり、秒速50メートルということになる。これを時速に直すと、１時間は3600秒なので、時速180000メートルつまり時速180キロメートルである。物理学の国際的なルールでは、時間の単位としては「秒」を用いることに決まっていて、その際「秒」を表す記号としては英語の second の頭文字である s を用いることになっている。

ところで、長さ500メートルの距離を走り抜けるスピードを知るためには上の式でよいのだが、現実にはもっと短い距離での正確なスピードを知る必要がある場合もある。例えば新幹線が駅のホームに停車する場合の500メートルを考えてみよう。

長さ500メートルの距離のうち、初めの10メートルと、停車寸前の最後の10メートルはぜんぜんスピードが違うだろう。そうすると

(瞬間)速度
　＝もっと短い時間に移動した距離(例えば10m)
　　÷もっと短い時間（例えば0.2 s ）

の式の方が、より正確な瞬間速度を表していることになる。

この短い時間とか、短い距離の「変化」を表すために物

理学（数学でも）では、先ほどの「Δ（デルタ)」という記号を使って、

（瞬間）速度＝Δ距離÷Δ時間
　　　　　　＝Δ距離/Δ時間

と表す。

さらに言うと、このΔを使って表される時間よりも、もっと非常に短い時間での変化の割合

（瞬間）速度＝もっと非常に短い時間に移動した距離
　　　　　　÷もっと非常に短い時間

の方がはるかに正確な瞬間速度を表していると言えるだろう。この「非常に短い時間」とか「非常に短い時間に移動した距離」を表すために、「d」という記号を使う。英語の「difference（差)」の頭文字「d」で、「非常に短い」という意味を表す。

そうすると、瞬間速度は、

瞬間速度＝d距離/d時間

となる。ちなみにdのギリシア文字がΔである。

ここで、速度を英語の velocity からvで表すと、

$$v=\frac{dL}{dt}$$

となり、高校の数学で多くの人が苦手とする「微分」を表す式になる。意味は、「瞬間速度 v」は、非常に短い時間 dt の間に移動した「距離 dL」を「非常に短い時間 dt」で割ったものであるというものである。この式を、日本語では「速度は距離の時間微分である」と表現する。

微分という言葉が嫌いな人は多いかもしれないが、このように「瞬間速度」は、ある時間あたりの「距離の変化の割合」を表しており、微分というのは、ある量の変化の割合を表すのである。車であれ、電車であれ、スピードメーターというのは距離の時間微分（＝瞬間速度）を表示している。車には距離計と速度計がついているが、微分というものが決して難しい特別な概念ではなく、日常生活で慣れ親しんだ概念であることがおわかりいただけると思う。

さて、先ほどの電磁誘導の法則も、微分で表しておこう。より正確な起電力は、非常に短い時間 dt の間に変化した磁束 $d\phi$ を割ったものなので、

$$V=-\frac{d\phi}{dt}$$

と表現できる。

IH

電磁誘導を使った文明の利器を、発電機のほかにもう1つ見ておこう。読者のみなさんは「IH」という言葉を使った家電製品を目にしたことがあるだろうか。このIHは、Induction Heating の略であり、日本語に直すと「誘導加熱」という言葉になる。この誘導とは電磁誘導のことである。図26に原理図を書いた。調理器具に埋め込まれているのは、コイルである。

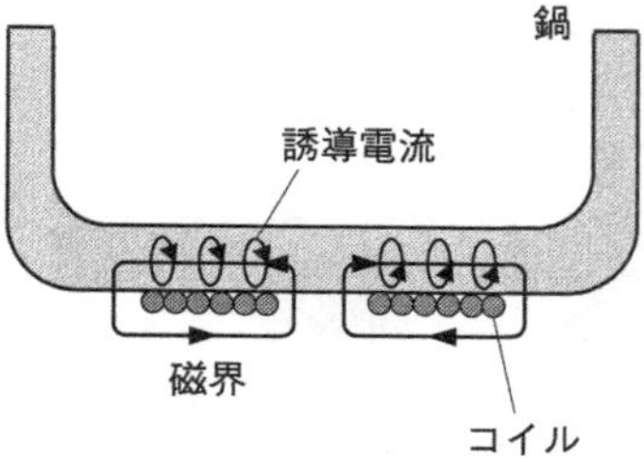

コイルで変動する磁界を作ると、電磁誘導によって、鍋に誘導電流が生じます。この誘導電流によって鍋に熱が発生します。

図26 「IH」のしくみ

このコイルに変動する電流を流す。するとこのコイルは電磁石として働くので、変動する磁場が発生する。この磁場は、調理器具の上に置かれた鍋の金属の中を抜ける。すると電磁誘導の法則によってこの変動する磁界のまわりに電界が発生して図のような電気が流れる。この電流が熱を発生させて鍋を温めるというわけである。

この加熱方式は電磁誘導の法則を使っているので、磁束の変化に比例して電圧が発生する。したがって、磁束密度が大きな金属ほど大きな電気が流れることになるので、強磁性体である鉄の鍋が最適である。磁石がくっつく金属は強磁性体なので、IH 調理に使える。

これに対して、磁石がつかないアルミの鍋でも電磁誘導の法則によって電気は流れるが、アルミの透磁率が小さいためその電流は小さく、実質上アルミの鍋ではほとんど調理できない。このIHのよいところは鍋が直接加熱されるという点で、無駄になる熱がほかの調理方法に比べて小さくなる。IH を使えば、電気でもガスコンロに匹敵する強い火力が得られるようになった。

電磁気学をまとめあげる

力学の発展では、ニュートンが決定的な役割を果たした。これに対して電磁気学の発展過程では、多くの物理学者が関わった。このためファラデーが電磁誘導の法則を発表した時点でも、電磁気学の分野では多くの式や法則があった。本書のように、電磁気学が学問として確立した後で出版された本では、重要なものを拾い上げて（これでも!?）比較的すっきりとした内容にまとめあげている。しかしファラデーの時代にはまだまだ電磁気学の全体像は明らかではなく、混沌としていた。

この電磁気学を体系化してまとめあげる役割を果たしたのが、イギリスのマクスウェル（1831～1879年）である（写真５）。マクスウェルはエディンバラで生まれ、エディンバラ大学とケンブリッジ大学で学んだ。エディンバラは街の中心の丘に城をいただく、景観にすぐれた都市であ

写真5　マクスウェル

る。マクスウェルは早くからその才能を現し、25歳でアバディーン大学の教授となり、29歳でロンドン大学の教授、そして1871年（40歳）にはケンブリッジ大学の教授になった。

ファラデーやアンペールらが明らかにした電場や磁場の関係を数学的に表すことに取り組み始めたのは、マクスウェルが24歳（1855年）のときだった。マクスウェルは当時明らかになっていた電気と磁気に関する多くの関係の物理的な意味を考察し、1864年に、20個ほどの式にまとめた。

「20個！」という数に驚いた読者の方も多いと思う。当時はまだまだ電気と磁気に関する学問は整理されていなかったのである。後年、さらにしぼられて４つの式にまとめられたが、この４つの式が「マクスウェルの方程式」である。

この４つの式は、現在の日本の教育では通常、大学で習うのだが、その物理的な内容は読者といっしょにこれまで見てきた電気と磁気の話そのものである。そこで、マクスウェルの方程式の第１式から第４式に対応する式を以下に書いてみよう。

まず、マクスウェルの方程式の第１式はクーロン力を表

す式で

（第１式）　$F = k\frac{q_A q_B}{r^2}$

に対応する。

次に、マクスウェルの方程式の第２式は、電磁誘導の法則を表す式で、

（第２式）　$V = -\frac{\Delta\phi}{\Delta t}$

に対応する。

マクスウェルの方程式の第３式は、磁石のＮ極とＳ極は必ずペアで存在するというもので、高校の物理では式では表現しない。そこで文で書くと

（第３式）　磁石のＮ極とＳ極は必ずペアである

になる。

マクスウェルの方程式の第４式は、電磁石を表すアンペールの法則

（第４式）　$H = \frac{I}{2\pi r}$

に対応する。

これまでに、「マクスウェルの方程式」という言葉を聞いたことのある方も多いと思うが、その物理的な内容はこのように高校の物理とほとんど対応しているのである。意外に簡単な内容なので、驚いた読者も多いのではないだろうか。

ただし、注意してこれらの式を眺めると、このマクスウェルの4つの式に含まれていないものがあることに気づいた方もいると思う。お気づきだろうか？　それは、アンペールの力である

$$F = IBl$$

の式が抜けていることである。

どうしてこの式がマクスウェルの方程式に入らなかったのかは謎である。現在では、電磁気学は、マクスウェルの方程式の4つの式と、「アンペールの力（＝ローレンツ力）」の式の計5つの式で表現されると考えられている。

ここまでの内容で、電磁気学の基本はほぼ理解した。読者の中には高校生も少なくないと思うが、高校の物理と大学の物理の間には断層がある。高校で学んだ知識を大学で生かせずに、マクスウェルの方程式への移行に失敗する学生も少なくないようだ。

第2部第1章以降ではそのギャップを埋めるために、本物のマクスウェルの方程式へのバージョンアップをしよう。数学は、高校の数学だけで間に合うように解説した。

したがって、気楽に付き合っていただけると思う。もっとも、高校の数学だけでマクスウェルの方程式を完全に導くのは困難なので、一部の厳密な証明を省いていることはご了承いただきたい。

第2部　電磁気学の統合

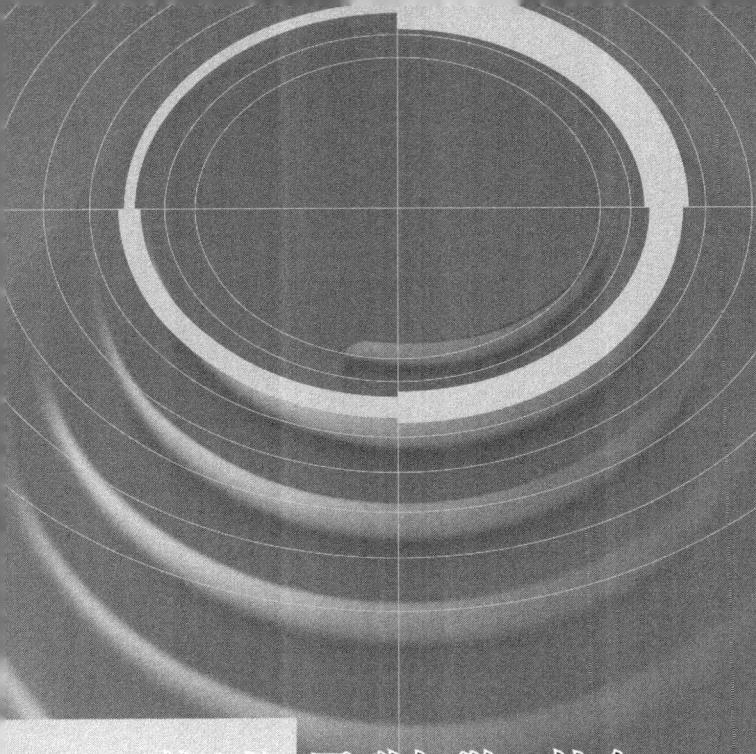

1　マクスウェルの方程式

マクスウェルの方程式へのバージョンアップ

それでは、まずマクスウェルの方程式の第1式であるクーロン力から見てみよう。点電荷 q_A、q_B が距離 r 隔ててある場合、働く力 F は既に見たようにクーロンの法則から

$$F = k\frac{q_A q_B}{r^2}$$

と表される。

本書の前半で考えたように、いま、ある空間の中心に点電荷 q_A がある場合を考えよう。この点電荷と、まわりの電界の強さとの間にはおもしろい関係が成立する。まず、点電荷 q_A を取り囲む半径 r の球を考える。この球の上の電界 E の強さを計算してみよう。

もちろんクーロンの法則から

$$E = k\frac{q_A}{r^2}$$

となる。球の中心から球の表面までの距離は、どこでも r なので、この電界の強さも球の上のどこの場所でも同じである。また、電気力線の向きは、球の中心から外側に向か

って広がっている。この電界の強さに球の表面積 $4\pi r^2$ をかけてみよう。すると

$$
\begin{aligned}
&\text{球の表面での電界の強さ} \times \text{球の表面積}\\
&\quad = E \times 4\pi r^2\\
&\quad = k\frac{q_A}{r^2} \times 4\pi r^2\\
&\quad = 4\pi k q_A \qquad ②
\end{aligned}
$$

という値になる。

興味深いのは、ごらんのとおり「球の表面での電界の強さ」に「球の表面積」をかけた量は、半径にかかわらず常に一定の値 $4\pi k q_A$ になることである。これは、「電界の強さが半径の2乗に反比例する」のに対して、「球の表面積が距離の2乗に比例する」ので、両者をかけ合わせると半径 r が消えてしまったからである。

したがって、点電荷を囲むどんな半径の球でもこの式の右辺は $4\pi k q_A$ になる。例えば半径が2倍の場合でも、表面積と表面での電界の強さをかけると $4\pi k q_A$ になり、半径が100倍の場合にも、このかけ算は $4\pi k q_A$ になる。

この関係はまた、第1部第3章の「点電荷のまわりのクーロン力」で説明した電気力線の考え方ともよく対応している。電界が強いほど電気力線の密度を大きく表すが、電界の強さ（点電荷から離れるにしたがって、$1/r^2$ に比例して電気力線の密度は減る）と球の表面積（r^2 に比例して表面積は増える）の積が一定であるということは、半径 r

にかかわらず球を突き抜ける電気力線の数は同じであることに対応する。

電磁気学では、$\dfrac{1}{4\pi k}$に、**真空の誘電率**という名前をつけて、ε_0で表す。したがって、②式は

球の表面での電界の強さ×球の表面積

$$=4\pi kq_A$$
$$=\frac{q_A}{\varepsilon_0} \qquad ③$$

となる。

こうしてみると、ある点電荷 q_A を置いた場合に、そこから距離 r 離れた点での電界の強さを求める方法は２通りあることになる。

１つの方法は、すでに見てきたようにクーロンの法則

$$F=k\frac{q_Aq_B}{r^2}$$

を利用して、$F=q_BE$ の関係から

$$E=k\frac{q_A}{r^2}$$

と求める方法である。

もう１つは、ここで考えた③式の「半径 r の球の表面上

での電界の強さと表面積の積は、$4\pi kq_A$（$=q_A/\varepsilon_0$）である」という関係を使って、$4\pi kq_A$ を球の表面積 $4\pi r^2$ で割って電界の強さ $E=k\frac{q_A}{r^2}$ を得るという方法である。

この2番目の方法で使う

「点電荷を置いたとき、そのまわりを囲む球の表面上での電界の強さと表面積の積は q_A/ε_0 である」

という関係を**ガウスの法則**と呼ぶ。式で表すと

$$E\times 4\pi r^2=\frac{q_A}{\varepsilon_0}$$

となる。

ガウスの法則と似た関係は、我々の身近なところにもある。それを表すのが図27である。真ん中で光っているのが豆電球で、そのまわりに等方的に光が広がっている。このとき、距離 r が大きくなるにつれて光があたる範囲の面積は r の2乗に比例して増えていくので、単位面積あたりの光の強さは、$1/r^2$ に比例して小さくなる。したがって、豆電球を中心にして半径 r のところに球状のガラスを置いたとすると、ガラスを透過する光の強さと、ガラスの表面積をかけた値は、半径 r にかかわらず常に一定になる。

この豆電球と球状のガラス上の光の強さとの関係は、先ほどの点電荷とそのまわりに広がる電気力線の関係とよく似ている。したがって、ガウスの法則を忘れそうになった

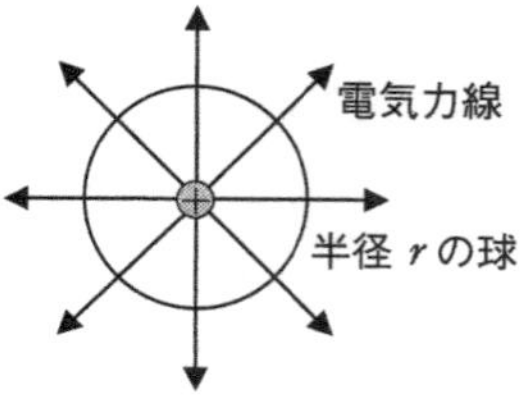

半径rを変えても球を突き抜ける電気力線の数は同じ

点電荷のまわりの電界の強さと豆電球のまわりの光の強さは、よく似ています。

光の照射される面積は、距離rの 2 乗に比例して大きくなります。したがって、単位面積あたりの光の強さは、距離rの 2 乗に反比例して小さくなります。どちらも中心の電荷(あるいは電球)からの距離rの 2 乗に反比例して小さくなります。

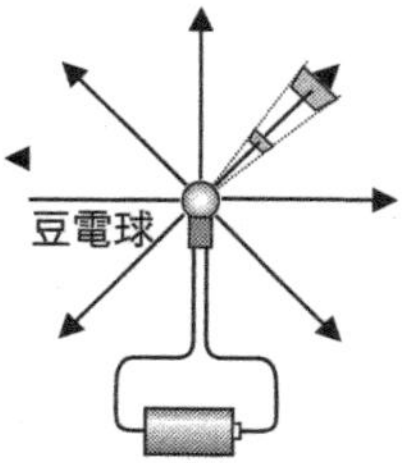

距離rが大きくなるほど、電荷(あるいは電球)を取り囲む球の表面積 $4\pi r^2$ が大きくなるので、単位面積あたりの電界(あるいは光)の強さが距離rの 2 乗に反比例して小さくなると解釈できます。

図27 「ガウスの法則」を考えるときは、豆電球を思い出そう

ら、豆電球と光の強さの関係を思い出せばよい。

ここまで見てきたように、クーロンの法則とガウスの法則の意味は同じである。どちらからスタートしても、一方を導くことができる。しかし、マクスウェルが電磁気学をまとめる 4 つの方程式を完成させたとき、マクスウェルはこのガウスの法則を第 1 番目の式として採用した。

$$E\times 4\pi r^2=\frac{q_{\mathrm{A}}}{\varepsilon_0}$$

このガウスの法則が、どうして必要なのだろうか？　マクスウェルはどうしてガウスの法則を採用したのだろうか？　疑問に感じる読者もいるはずである。

この段階では、両者は等価であるように見えるからである。しかし実は、ガウスの法則の方がクーロンの法則より本質的な関係であると考えることも可能なのである。

もう一度、豆電球と光の強さのアナロジーを思い出してみよう。豆電球と光の場合、半径rを大きくするにつれて表面積が大きくなるので、光の強さが$1/r^2$に比例して小さくなる。この関係を思い出すと、点電荷と電界の関係の場合も「電荷から出る電気力線の数が一定なので、距離rが離れるにつれて表面積がr^2に比例して増え、電界の強さは$1/r^2$に比例して小さくなる」ことが自然に認識できる。

すなわちクーロン力が$1/r^2$に比例する関係になるのは、距離rが大きくなるにつれて単純に表面積が増えるからだと認識できるのである。つまりクーロンの法則では、クーロン力が$1/r^2$に比例する意味を見つけられないのに対して、ガウスの法則では、豆電球から出る光の強さが、表面積に反比例して減少するように、「点電荷のまわりの電界の強さが、表面積に反比例して減少する性質」を持っていると理解できるのである。

また、便利さという点からも、ガウスの法則を使って電界の強さを求める方が、クーロンの法則を使って電界の強さを求める方法より簡単な場合が多いのである。実際の計算ではクーロンの法則の説明のときに使ったような点電荷が存在することはまれで、むしろ電荷が空間的に広がっている場合が普通だからだ。そういう点電荷でない場合に、ガウスの法則が威力を発揮する。

というのは、ガウスの法則は点電荷とそれを囲む球の間のみで成立しているわけではなく、もっといろんなバリエーションでも成立するからである。球の中にあるのは、点電荷ではなくて広がりを持った電荷であってもよく、また何個も電荷があっても構わない。加えて、電荷を取り囲むのは球でなくても、任意の形の閉じた曲面（閉曲面と呼ぶ穴の空いていない曲面）であればよく、例えば四角い直方体で電荷を取り囲んだ場合でも成立する。

まず複数個の点電荷がある場合は、それらの電荷の和が効くので、q_A を和で置き換える。

$q_A \to \sum q_i$　点電荷が複数ある場合はその和をとる。i は、i 番目の電荷を表す。

ちなみに、ここで見た足し算をとる記号を $\sum$（シグマ）と呼ぶ。英語で言うと「和」にあたるサム（sum）という単語のSをとったものだ。しかし、単にSと書くと数学の記号かどうかわかりにくくまぎらわしいので、あまり使わないギリシア文字のSにあたるシグマ（$\sum$）を使うのである（ただし、ギリシア文字を普段使っているギリシア人にはまぎらわしいかも？）。

シグマの場合は、とびとびの各地点での電荷の足し算をするというイメージがあるが、電荷がもっと滑らかに分布している場合は、非常に短い空間の間隔ごとに和を取った方が正確である。広がりを持った電荷の場合には、電荷の密度を ρ で表すと、各部分の微小な体積 Δv と、電荷密度 ρ のかけ算が各部分の電荷である。そこで、トータルの電荷は次のように書き換えられる。

$$q_A \to \sum(\rho \times \Delta v)$$

ただし、このとき体積をさらに微小な体積 dv ごとにとった方が、さらに正確である。なぜなら場所によって電荷密度が変わっている場合もありうるし、そもそも閉曲面が極めて複雑な形をしている場合もありうるからである。そこで微小な体積 dv ごとに和をとると

$$\begin{aligned} q_A &\to \sum(\rho \times \Delta v) \\ &= \sum(\rho \times dv) \end{aligned}$$

となる。

この非常に微小な体積 dv ごとに和をとることを、「積分」と呼ぶ。積分の場合には、$\sum$ とは別の記号を用いる。積分を表す記号としては、Sを縦に引き延ばした記号「$\int$（インテグラル）」を使う。したがって、閉曲面内の全電荷

を積分を使って表すと

$$q_A \to \sum(\rho \times dv)$$
$$= \int(\rho \times dv)$$

となる。さらにかけ算の記号を省略すると

$$\int \rho dv$$

となり、普通の積分の式になる。つまり、それぞれの場所での電荷がわかっていれば、全体の電荷が求められる。

積分記号のインテグラルを見るとアレルギーを起こす人がいるかもしれないが、ここで見たように、単に「和をとる」記号Σが変化したものにすぎない。積分の利点は、Σに比べてずっと微小な体積 dv ごとに和をとっているので、はるかに正確な電荷を計算できることにある。

ガウスの法則の左辺も、積分で表せる。左辺は閉じた曲面の表面積Sと電界の強さEのかけ算なので、シグマを使って書くと

$$\sum E \Delta S$$

となる。積分で書くと

$$\int EdS$$

である。微小な面積 dS と電界の強さ E のかけ算の和をとっているのは、複雑な形の閉曲面や電界の強さが場所によって異なる場合に対応させるためである。

点電荷と球の場合は、既に見たように E の値は球の表面上のどこでも同じであり、球の表面積は $\sum \Delta S = 4\pi r^2$ だった。これらの関係を用いて、ガウスの法則を積分の形に書き直すと

$$\sum E \Delta S = \frac{q_{\mathrm{A}}}{\varepsilon_0}$$

は

$$\varepsilon_0 \int E dS = \int \rho dv$$

となる（注：ただし、この式は電界が閉曲面を垂直に横切る場合にのみ成り立つ。垂直でない場合は付録参照）。

これが、マクスウェルの方程式の第１式で、19世紀の大数学者ガウス（1777～1855年）が導いた結果である。このガウスの法則の数学的な証明は割愛したが、大学ではこの証明についていけない学生も少なくない。その場合、マクスウェルの方程式の第１式を理解しないまま卒業してしまう。

点電荷と球の関係で見たように、ガウスの法則は、クーロンの法則と等価である。内容的には、極めてシンプルな物理なので、その本質を見失わないようにしよう。

ガウスの法則のありがたみを探る

クーロンの法則をガウスの法則に書き換えたわけだが、そのありがたみを感じてみよう。

ここでは、コンデンサーを例にとる。第1部第3章で、コンデンサーの電極の間の電界の強さEはどこでも同じであると述べたが、その電界の強さを求めてみよう。

この関係をクーロンの法則から求めようとすると、少し大変である。というのは、クーロンの法則は点電荷による電界を表すのに対して、コンデンサーの電極の表面には一様に電荷が広がっているからである。クーロンの法則を適用するには、点電荷が電極に一様に広がっているとみなして、その広がった電荷からのクーロン力を全部足し算する必要がある。これは大学初年級の数学を使えば、積分を使って求められるが、なかなか面倒である。

これに対して、ガウスの法則を使うともっと簡単に求められる。まず、電極板の断面を書いてみる。これに図28のような閉曲面を考える。この閉曲面の内側にある電荷は、電極の表面の電荷だけなので、電荷の面密度をρとし、この部分の電極の面積をSとすると、電荷は$\frac{\rho S}{2}$である。電荷は電極の内部ではなく、クーロン力による電荷どうしの反発によって、表面に分布する性質がある。2で割っているのは、電極の表面に分布する電荷は、電極の右側の面と左側の面にも同数存在するのに対して、この閉曲面の中には右側の面の電荷しか含まれていないからである。したがって、ガウスの法則の右辺に対応するのは、$\frac{\rho S}{2}$である。

一方、この閉曲面を横切る電界はこの後で説明するよう

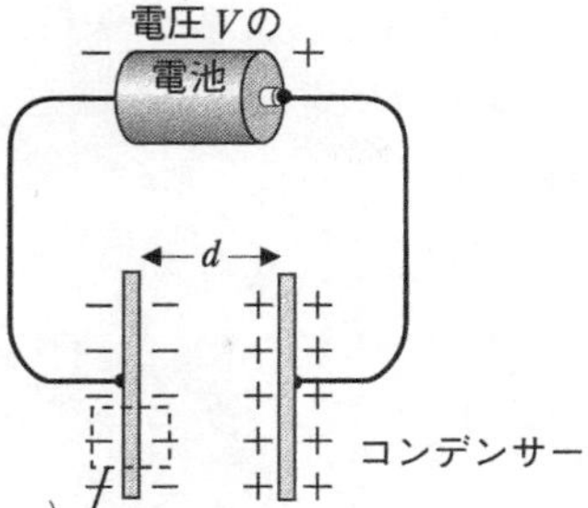

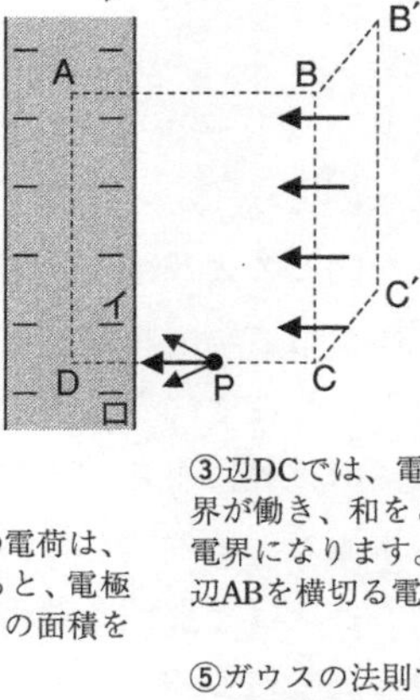

①金属の内部では、じつは電界がゼロになります。したがって、辺ADはガウスの法則には寄与しません。エレベーターに乗ると携帯電話が切れやすくなるのは電界が進入しにくいからです。

②この閉曲面の中の電荷は、電荷密度をρをすると、電極に平行な面BCC′B′の面積をSとして

$$Q = \rho S/2$$

になります。2で割るのは電極の片側の電荷のみが閉曲面の中に含まれているからです。

③辺DCでは、電荷イや電荷ロからの電界が働き、和をとると、辺DCに平行な電界になります。したがって、辺DCや辺ABを横切る電界はありません。

④辺BC上では、辺DCのところで考えたように辺DCに平行な電界Eが存在します。したがって、辺BCを横切る電界だけがガウスの法則に寄与します。

⑤ガウスの法則では、面BCC′B′を横切る電界Eとの掛け算が、閉曲面の中の電荷/誘電率に等しいことから

$$\varepsilon E \times S = \rho S/2$$

になります。したがって、

$$E = \rho/2\varepsilon$$

となります。コンデンサーの内部では、プラス電極からも同じ大きさの電界を受けるので

$$E = \rho/\varepsilon$$

になります。

図28　ガウスの法則からコンデンサーの電界の強さを求める

に、右側の面を垂直に抜ける電界Eしかない。したがって、閉曲面の面積Sに電界EをかけたESがガウスの法則の左辺の積分に対応する。したがって、

$$\varepsilon_0 ES=\frac{\rho S}{2}$$

となり、両辺をSで割って、Eでまとめると

$$E=\frac{\rho}{2\varepsilon_0}$$

となる。閉曲面の形を図29のように変えてもこの式は成り立つので、左側の電極から右側の電極までどの距離でも電界の強さEは同じだということになる。

ただし、これは左側の電極による電界の強さだが、コンデンサーには右側の電極もあるので、この電界も計算する必要がある。計算すると先ほどと同じ値が得られる。したがって、2つの電極の間の電界の強さは、先ほどの値の2倍になり

$$E=\frac{\rho}{\varepsilon_0}$$

となる。いかがだろう、かなり簡単だったのではなかろうか。

コンデンサーのように、平面状の電極に電荷が一様に分

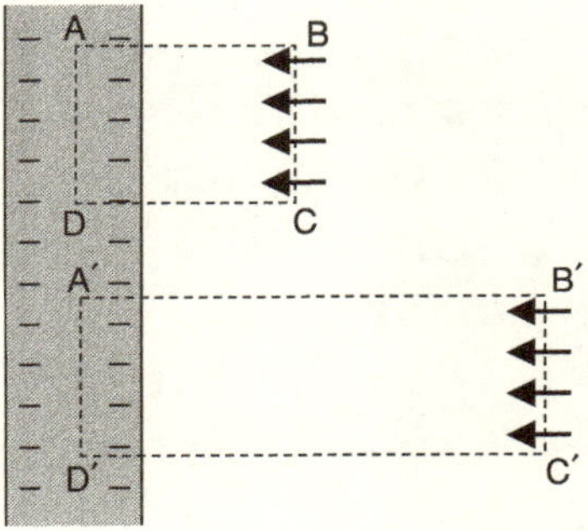

閉曲面の取り方をABCDから、A′B′C′D′に変えてもガウスの法則からBC面とB′C′面の電界の強さは同じになることがわかります。すなわち、電界の強さは電極の右側のどの位置でも同じになります。

図29　ガウスの法則はどんな閉曲面でも成り立つ

布している場合は、このように電極からどんなに離れても電界の強さは同じで、電気力線の方向は電極に垂直である。したがって、点電荷の場合のように距離の2乗に反比例して小さくなるわけではない。

この場合、電荷と電気力線の関係を照明と光の強さの関係にたとえると、平面状に広がった照明を考え、その平面状の照明から垂直に光が出ている場合を考えればよいだろう。照明から出た光がまったく広がらないとしたら、どんなに照明から離れても光の強さは同じはずである。これと同じ関係が、平面状に広がった電荷と電気力線の間に成立しているわけである。

では、先ほど説明しなかった「閉曲面の右側を横切る電界しか存在しない理由」を説明しよう。まず、電極の内側の左側の面だが、実は金属の中に電界は侵入しないことがわかっている。したがって、閉曲面の左側の面は金属の内部にあるので、電界の強さはゼロである。

例えば後の章で学ぶように、電波は電界と磁界によって構成される波だが、エレベーターの中で携帯電話は切れやすいし、通じなかったりする。これは、エレベーターの金属の壁が電界を遮る（遮蔽する）ためである。

次に電極の右側の空間の電界を考えてみる。まず電極には電荷が一様にびっしりと平面状に分布しているので、上下の方向の電界の強さは釣り合ってゼロになっているはずである。例えば図28の点Pがある点イの電荷から上方向の力を受けているとすると、同時に点ロの電荷から下方向の力を受けているので、上下の方向の力は釣り合ってゼロになる。したがって、電界は電極面に垂直なものしか存在しない。

もちろん、厳密には電極のいちばん端ではこの関係は成り立たないのだが、ここでは簡単化してコンデンサーの電極は無限に広くて端がないものと仮定する。そうすると、ガウスの法則の計算に使うのは閉曲面を横切る電界のみなので、閉曲面の右側の面を垂直に抜ける電界Eしか存在しない。

静電容量

ここでコンデンサーについて、少し詳しく見ておこう。先ほどの $E=\rho/\varepsilon_0$（ρ は電荷の面密度、ε_0 は真空誘電率）の関係を、第１部第３章で見た $V=Ed$（dは電極間の距離）の式に入れると

$$V=\frac{\rho d}{\varepsilon_0}$$
$$=\frac{Qd}{S\varepsilon_0}$$

となる。Qはコンデンサーの電極に溜まった全電荷で、Sはコンデンサーの電極の面積である（$\rho=Q/S$）。Qを左辺にもってきてまとめると

$$Q=\frac{\varepsilon_0 S}{d}\times V$$

となる。電極の面積Sや電極間の距離dの値は、コンデンサーの種類によって異なるので、$\varepsilon_0 S/d$をまとめて**静電容量**と名前を付け、さらにCで表す。すると簡単に

$$Q=CV$$

と表される。次に見るように、静電容量の値でコンデンサーの性能が把握できる。

この静電容量の物理的な意味を考えておこう。

$Q=CV$ と書けることから、コンデンサーに電圧Vの電池をつなぐと、Qの電荷が溜まることを意味する。コンデンサーは電気を溜める部品なので、小さな電圧で大きな電荷Qが溜まる方が望ましい場合が多いだろう。

静電容量Cが大きいコンデンサーとは、小さな電圧で大きな電荷を溜められるコンデンサーを意味する。静電容量Cは$\varepsilon_0 S/d$と表され、電極の面積Sが大きいほど大きな電荷を溜められそうなことは直感的にわかる。ではdが小さいほど静電容量が大きくなるのは、どう理解すればよいのだろうか。

これは実は電界の強さに置き換えてみれば、答えが得られる。電極の間の電界の強さは、先ほど見たようにV/dで与えられる。すなわち、電極の間の間隔が小さいほど電界は強くなる。電界の強さとは、「電荷に働く力の大きさ」を表す。つまり、2つの電極の間で電荷を引き合う力が強いことを意味する。このため、多くの電荷を電極に引きつけられるというわけである。

いままではコンデンサーの電極の間が、真空か空気の場合を考えてきた。しかし、この間に電気を通さない物質をはさむと、コンデンサーに溜まる電荷が増えることが明らかになった。ところが、それらの物質をはさんでも、電極の面積Sや電極間の距離dが変わるわけではない。したがって、電極の間に電気を通さない物質をはさんだコンデンサーの誘電率εは、「真空の誘電率ε_0」より大きくなっているはずである。

コンデンサーの電極間に何もはさまれていないときは

$$C=\frac{\varepsilon_0 S}{d}$$

と表していたのだが、コンデンサーの電極間に何らかの物質がはさまれているときは、真空の誘電率 ε_0 を ε に替えて

$$C=\frac{\varepsilon S}{d}$$

と表す。

そこで、それぞれの物質固有の誘電率が実験から求められた。例えばガラスの場合、誘電率は真空の誘電率の約7倍になり、何もはさまない場合の7倍の電荷を溜められる。別の表現をすると、同じ大きさの電荷を溜めるために、7分の1の面積の電極か、7分の1の電圧でまにあうことになる。

物質名	化学式	周波数(Hz)	誘電率
〈常誘電体〉			
液体　ベンゼン	C_6H_6		2.3
メタノール	CH_3OH	10^9	9.7
水	H_2O		61.5
固体　塩化ナトリウム	NaCl		5.9
酸化マグネシウム	MgO		9.7
水晶	SiO_2 (a)		4.5
	(c)		4.6
ルチル	TiO_2 (a)		86
	(c)		170
氷(多結晶体)(0℃)		10^6	88
ポリエチレン			2.2～2.4
ポリスチレン			2.5～2.7
ナイロン			4.0～4.7
アルミナ磁器	Al_2O_3		8.0～11.0
石英ガラス	SiO_2		3.5～4.0
〈強誘電体〉			
チタン酸バリウム	$BaTiO_3$ (a)	10^6	2920
	(c)〔F〕	10^6	168
リン酸二水素カリウム	KH_2PO_4 (a)	10^3～10^8	44.3
	(c)〔F〕	10^6～10^8	20.2
モリブデン酸ガドリニウム	$Gd_2(MoO_4)_3$$(c)$〔F〕		10
ヨウ化硫化アンチモン	SbSI(c)〔F〕	10^3	～17000
ロッシェル塩	$NaKC_4H_4O_6\cdot 4H_2O$$(a)$〔F〕	10^5	～200
チタン酸バリウム磁器	$BaTiO_3$	10^6	～1300

注：化学式に付記された（　）書きは結晶軸方向。〔F〕はその方向が強誘電軸方向。
温度は氷以外は室温付近

表　比誘電率の例（『日本大百科全書』(小学館)より）

そこで、科学者たちはその後、誘電率の大きな材料を捜し求めた。そしてチタン酸バリウムという材料では、誘電率が5000倍にもなることがわかった（表）。携帯電話のような軽くて小さな電子機器には、誘電率の大きな材料を用いた極めて小さなコンデンサーが使われている。

電極間の物質では何が起こっているのか

電荷がこれほど変わることから、これらの材料の中ではいったい何が起こっているのか興味が湧く。実は、これらの材料をコンデンサーの電極の間のような電界の中に入れると、図30のように電気がプラスとマイナスに分かれて分布するのである。

このようにプラスとマイナスに電荷が分かれて分布することを、「分極」と呼ぶ。陽極と陰極に分かれるという意味である。電気を流さない物質（絶縁体とか誘電体と呼ぶ）なので、コンデンサーの陽極や陰極からクーロン力で引かれても、これらの物質の中の電荷は自由に動けないのである。このため、電子は元いた場所からわずかに動くだけで止まってしまい、分極が生じる。電界のないところに移すと、当然この分極は消えてしまう。

この分極する材料が電極の間にあるときにコンデンサーの電位を求めると（少し難しいので詳しい計算は割愛した）、図30中のグラフのように電位が階段状になり、電極間の電位差が実効的に小さくなる。このため、電極間に絶縁体をはさんだ場合、$Q=CV$ の式からわかるように、電荷Qが同じでも電圧Vが小さくなるので、コンデンサ

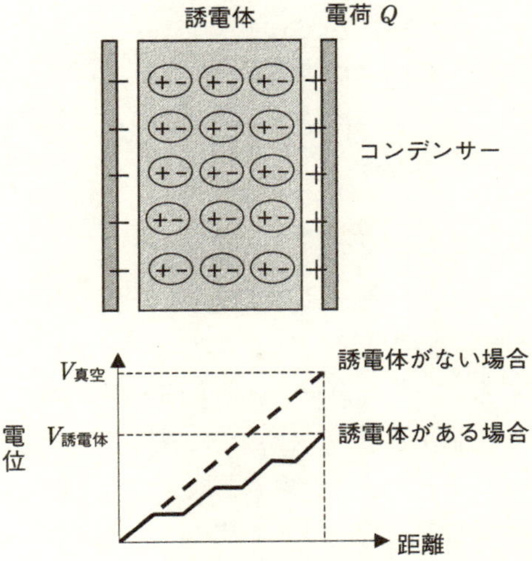

誘電体の内部では、図のようにプラスとマイナスの電荷が少しずれて分布します。これを分極と呼びます。この分極の効果によって誘電体左端の位置と右端の位置の電位差$V_{\text{誘電体}}$は、誘電体がない場合の電位差$V_{\text{真空}}$に比べて小さくなります。誘電体が電極間にない場合を

$$Q=C_{\text{真空}}V_{\text{真空}}$$

とします。一方、同じ大きさの電荷Qが電極に溜まっていて誘電体がある場合を

$$Q=C_{\text{誘電体}}V_{\text{誘電体}}$$

とすると、電圧$V_{\text{誘電体}}$の大きさは、誘電体が電極間にない場合の電圧$V_{\text{真空}}$に比べて小さくなります（$V_{\text{誘電体}}<V_{\text{真空}}$）。それでいて、同じ大きさの電荷$Q$を溜められるということは、静電容量$C_{\text{誘電体}}$が$C_{\text{真空}}$より大きい（$C_{\text{誘電体}}>C_{\text{真空}}$）ことを意味します。したがって、それぞれのコンデンサーに、同じ大きさの電圧Vをかけた場合に電極に溜まる電荷は

$$Q_{\text{誘電体}}\ (=C_{\text{誘電体}}V)>Q_{\text{真空}}\ (=C_{\text{真空}}V)$$

となります。

図30　誘電体があると、静電容量が増える理由

一の静電容量Cは実質的に大きくなる。だから同じ大きさの電圧をかけた場合には、電極に溜められる電荷の量が大きくなるのである。

コンピューターのメモリーの中身は?

このコンデンサーを使って作られた文明の利器を１つ見ておこう。ここでとりあげるのは、コンピューターのメモリーである。コンピューターは人間の脳が持っている機能の一部を代替するために作られた機械で、人間社会のあちこちに入り込んで様々な恩恵を施してくれている。

そのコンピューターのメモリーには２種類ある（図31)。

ダイナミックラム　　　　ハードディスク

コンピューターの短期の記憶をつかさどるダイナミックラムや長期の記憶をつかさどるハードディスクにはどのような物理が使われているのでしょうか？

図31　2種類あるコンピューターのメモリー

１つは長期間の記憶に対応するもので、人間の記憶にたとえると、漢字を覚えたり、英語の単語を長期にわたって記憶するメモリーに対応する。もう１つは、当面の計算をす

・長期の記憶のメモリーには磁界をかけると磁化する材料（強磁性体）が使われます。この強磁性体を、ディスクなどの表面に層状に薄く塗っておきます。

この強磁性体の層を小さな電磁石で、磁化させます。磁化の向きの左右で「0」と「1」に対応させます。

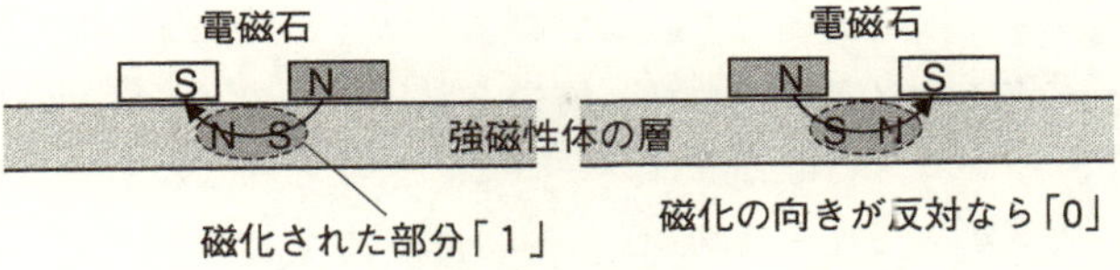
電磁石
S
N
N S
強磁性体の層
電磁石
N
S
S N
磁化された部分「1」
磁化の向きが反対なら「0」

この原理は真新しいものではなくて、カセットテープやビデオテープで使われているものと同じです。テープのような細長いものではなく、ディスクを使ったのが、フロッピーディスクやハードディスクです。この書き込みや読み出しを行う部分をヘッドと呼びます。ディスクの利点は、ディスク上のどの部分のメモリーにもヘッドを動かすことによって簡単にたどり着けることです。テープは、早送りや巻き戻しが大変です。

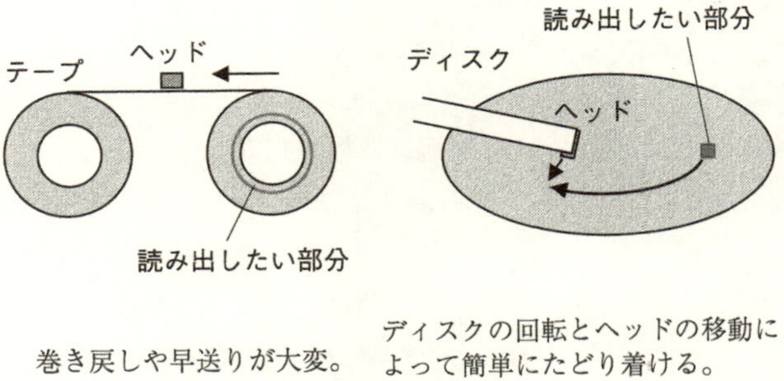
テープ
ヘッド
読み出したい部分
巻き戻しや早送りが大変。
ディスク
読み出したい部分
ヘッド
ディスクの回転とヘッドの移動によって簡単にたどり着ける。

図32　パソコンのハードディスクのしくみ

るために間近のことを覚えておくための短期記憶に対応するものである。例えば、人間が暗算で、5+6 を計算するとき、脳の中では、5 と 6 の数字が一瞬記憶される。普通、翌日にはこの数字を覚えていないと思うが、この当面の処理のための記憶が短期記憶である。

コンピューターでは、前者のメモリーには磁界をかけると磁化する材料が使われ、情報を磁化の強さとして記録する。パソコンでは普通はハードディスクと呼ばれる磁気ディスクが使われる（図32)。

後者の短期記憶には、**ダイナミックラム**と呼ばれるメモリーが使われる。ダイナミックラムは短期記憶のメモリーで、コンデンサーとスイッチから構成されている。コンデンサーが充電された状態を1の記憶とし、充電されていないときを0の記憶に対応させる。3つのメモリーに「101」という数字を覚えさせたいときには、電池とスイッチのワンセットの充電装置を左から順番にコンデンサーにつないで充電していく（図33)。

メモリーからの情報の読み出しには、3つのメモリーに順番に回路をつないでいく。電気が流れれば、「1」の情報が書き込まれていて、流れなければ何も書き込まれていない（すなわち「0」が書き込まれていた）ことがわかる。実際のダイナミックラムでは、書き込み装置や読み出し装置は空間的に動いていくわけではなく、電気回線を切り替えてコンデンサーにつなぐ。この回線の切り替えにはトランジスタがスイッチとして使われる。

パソコンを使う場合、複数のソフトウェアを同時に稼動

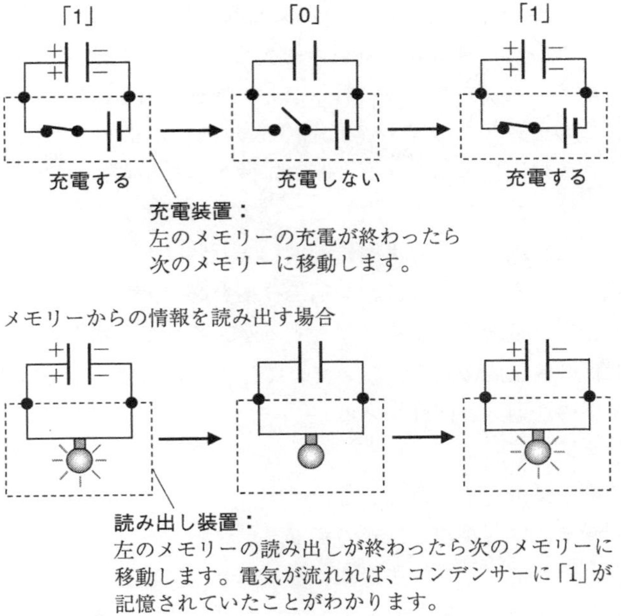
「1」
「0」
「1」
充電する
充電しない
充電する
充電装置：
左のメモリーの充電が終わったら
次のメモリーに移動します。
メモリーからの情報を読み出す場合
読み出し装置：
左のメモリーの読み出しが終わったら次のメモリーに
移動します。電気が流れれば、コンデンサーに「1」が
記憶されていたことがわかります。

図33　ダイナミックラムに「101」という数字を覚えさせる場合

させる場合がよくある。例えば、ワープロをしながら、絵を描き、ワープロで作成している報告書に必要なデータを表計算ソフトから拾ってくるといった具合である。この場合、それぞれのソフトウェアには、文章や絵、それに表などを一時的に記憶しておく場所が必要で、その短期記憶にダイナミックラムが使われる。したがって、ダイナミックラムを多く積んだパソコンの方が複数の仕事をこなすには有利である。

また、絵を描くソフトなどでも、ダイナミックラムの容量が大きいほど色彩に富んだ大きな画像を扱いやすくなる。このため財布に余裕があれば、パソコンには少し多めのダイナミックラムを搭載した方が便利である。

このダイナミックラムは毎年大規模化が進められている。大規模化とは、メモリーの1個1個を小さくして、同じ面積あたり多くのメモリーを作製することを意味する。現在では数ミリ角の半導体上に1000万個ほどのメモリーが載っている。極めて微細な加工技術を必要とするので、製造会社は莫大な資金を必要とするが、それでも約1年半で2倍の集積度の向上が続いていて、この割合での増加はムーアの法則と呼ばれている。

磁気モノポールは存在しない

マクスウェルの方程式の第1式では、クーロンの法則から出発してガウスの法則にたどり着いた。もともとのクーロンの法則は、第1部第2章で見たように、電荷と電荷の間だけでなく2つの磁極の強さの間にも成り立つ。だとすると、「ガウスの法則」は磁極にも成り立つのだろうか。実は、この問いがマクスウェルの方程式の第3式につながっている。おやおや第2式の説明がまだではという読者の方もいらっしゃると思うが、第1式に続いて第3式を説明した方がつながりがよいのである。

この問題を考えるために、小さな磁石を考えて、そのまわりの球を考えることにする。図34は、球の断面を模式的に表した図である。磁力の場合も、電気力線と同じように磁束線を考えることができ、それも図中に示している。

磁石のそばにある球を考えると、球に入ってくる磁束線の数と、出て行く数は同じです。したがって、

$$\int B\mathrm{d}S=0$$

の関係が成り立ちます。

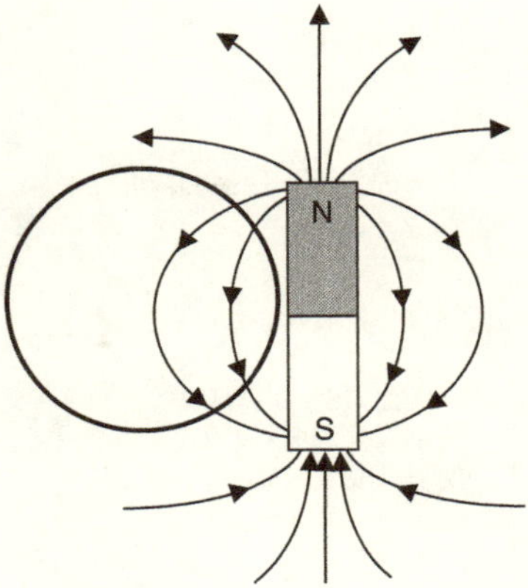

図34　磁石のそばに考えた球の表面の磁束線の合計は0になる

この図でわかるように、磁石のN極から出た磁束線は必ずS極に戻ってくる。したがって、球の表面での磁束線は図の上側では外側から内側にぬけるので負であるのに対して、下側ではその逆なので正になる。この磁束線を球の表面上で合計するとゼロになる。つまり球を横切って外に出る磁束線と、中に入ってくる磁束線は等しいということになる。

この点は、電荷と本質的に異なっている。電気力線は電荷から外に向かって広がっていくだけである（豆電球と光の関係を思い出してほしい）。したがって、電荷はあたかも電気力線の吐き出し口のような存在である。しかし、磁石の場合は、N極は磁束線の吐き出し口だが、S極は吸い込み口として働く。したがって、磁石を取り囲む閉曲面を

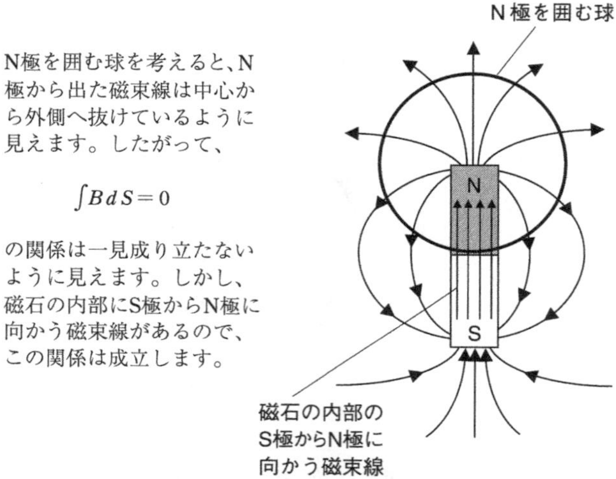
N極を囲む球を考えると、N極から出た磁束線は中心から外側へ抜けているように見えます。したがって、
$\int B dS=0$
の関係は一見成り立たないように見えます。しかし、磁石の内部にS極からN極に向かう磁束線があるので、この関係は成立します。
N極を囲む球
N
S
磁石の内部のS極からN極に向かう磁束線

図35　磁石の内部にも磁束線があるので、やはり合計は0

横切る磁束線の合計はゼロになる。

この関係に例外はないのだろうか。例えば、磁石のN極だけを球で囲うとどうなるだろうか（図35）。こうすると一見、球を横切って外に出て行く磁束線だけが存在するように見える。したがって、その和はゼロではないように思える。しかし、実は磁石の内部でS極からN極へ流れる磁束線が存在するのである。この磁束線の分も計算に入れると、やはり総計はゼロになる。

いまは球を考えたが、先ほどの電界の場合と同様に、磁石を取り囲む任意の閉曲面でこの関係は成立する。したがって、磁束線が閉曲面を垂直に横切る場合には、次のような式を書くことができる（磁束線が閉曲面を垂直に横切らない場合はもう少し複雑になる）。

$$\int BdS = 0$$

ここでの積分 dS は、閉曲面の全表面についてとることを表している。これが、マクスウェルの方程式の3番目の式である。

その意味はここで見たように、「単極の磁石は存在せず、必ずN極とS極が対になっているために、任意の閉曲面上の磁束密度の総計はゼロになる」ということを意味している。

ただ1つだけ余談を加えると、単極の磁石が存在しないという物理学的な確証は、実はない。人類が今まで観測した範囲では、S極とN極がペアの磁石しか見つけることができなかったという結果から、第3式が成り立つと考えてよいということである。

さて、これで4つのマクスウェルの方程式のうち、半分までバージョンアップが終わった。意外に簡単だったのではなかろうか。

マクスウェルの方程式の第2式

次に、マクスウェルの方程式の第2式に取り組もう。第2式は電磁誘導の法則を表すが、これも積分を使って表現してみよう。

電磁誘導の式は

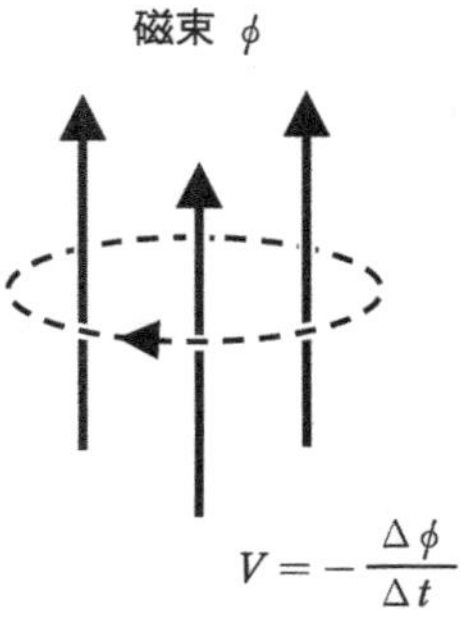

時間変化している磁束を取り囲む閉曲線を考えます。この閉曲線の位置に電線があれば、電磁誘導の法則により誘導電流が生じます。では、電線がない場合にはその場所に何が生じるのでしょうか？
誘導電流は、電線の中に生じた電界によって生じると考えられます。とすると、図の点線の位置には、電線がなくても電界が生まれると予想できます。

図36　磁束の変化で誘導電流が生じる

$$V=-\frac{\Delta\phi}{\Delta t} \qquad ④$$

だった（図36）。ここで、磁束ϕを単位面積あたりの磁束を表す磁束密度Bを使ってΣや積分で表現すると

$$\begin{aligned}\phi &= \Sigma B\Delta S \\ &= \int BdS\end{aligned}$$

となる。これを電磁誘導の④式の右辺に入れると

$$-\frac{\Delta\phi}{\Delta t}=-\frac{\Delta\left(\int BdS\right)}{\Delta t}$$

となり、微分記号に変えると

$$V = -\frac{d}{dt}\int B dS$$

となる。

また、左辺も積分を使って表すと、電圧は、電界に距離をかけて和をとったものなので

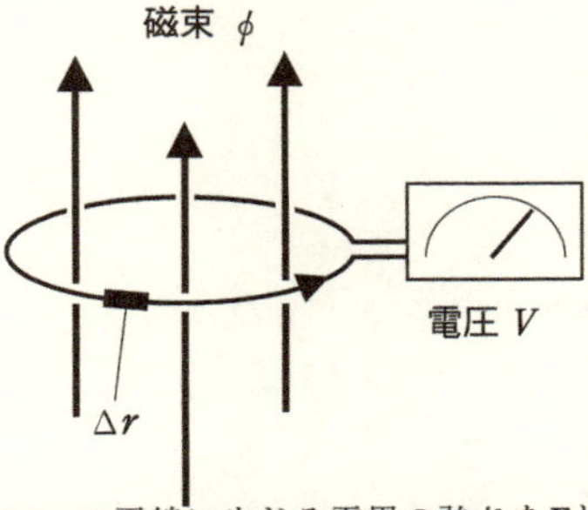

微小な長さ$\Delta \boldsymbol{r}$の電線に生じる電界の強さを$\boldsymbol{E}$とすると、この電線の両端の電位差は、$\boldsymbol{E}\times\Delta \boldsymbol{r}$です。したがって、この閉曲線1周分に生じる電位差は、

$$\Sigma \boldsymbol{E} \times \Delta \boldsymbol{r}$$

です。ただし、ここでのΣは1周分の和です。
これを、積分を使って表すと、

$$\oint \boldsymbol{E} d\boldsymbol{r}$$

となります。この積分はコイルの円周方向に沿ってとる必要があります（これを周回積分と呼ぶ）。積分記号に○がついているのは周回積分を意味します。

図37　∮とは？

$$V = \oint E dr$$

と書ける。ただしここでの電圧はコイルの１周分に出る電圧だったので、この積分はコイルの円周方向に沿ってとる必要がある（これを周回積分と呼ぶ）。積分記号に○がついているのは周回積分を意味する（図37)。

したがって、④式は

$$\underbrace{\oint E dr}_{\text{電界}} = \underbrace{-\frac{d}{dt}}_{\text{時間変化}} \underbrace{\int B dS}_{\text{磁束}}$$

と書ける。これがマクスウェルの方程式の第２式である。この式は、「磁束が時間変化すると、そのまわりに電界が生じる」ということを表している。見慣れない数学的な表現が難しそうに見えるかもしれないが、それが表現している意味（電磁誘導の法則）は、理解しやすいと思う。

アンペールの法則からマクスウェルの方程式の第４式へ

これで、３つの式がかたづいたので、最後にアンペールの法則に取りかかろう。

教科書に出てくるアンペールの法則の式は

$$H = \frac{I}{2\pi r} \qquad ⑤$$

である。これを書き換えると

$$2\pi rH=I \qquad ⑥$$

になる。この式も、積分を使って表現できる。

まず、電流のまわりをぐるっと回る磁界の強さHについて、考えることにしよう（図38)。$2\pi r$は半径rの円周の長さである。したがって、⑥式の左辺は円周方向の磁界の強さHと円周$2\pi r$のかけ算になっている。

そこで

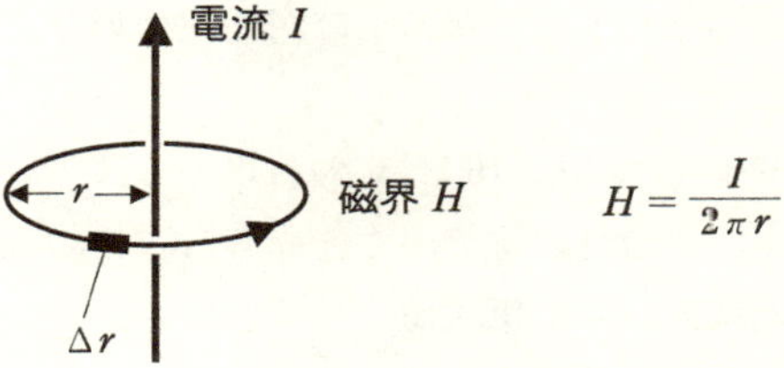

円周（$=2\pi r$）は、微小な長さΔrが1周分集まった長さなので、

円周$=\Sigma\Delta r$

と書けます。ただし、ここでのΣは1周分の和です。
したがって、円周を積分を使って表すと、

円周$=\oint dr$

となります。積分記号に○がついていますが、これは図37と同様に電流を囲む閉曲線を1周するように積分する周回積分を意味します。

図38　半径rの円周に沿って微小部分を足し合わせる

$$2\pi r = \sum \Delta r$$
$$= \oint dr$$

の関係を使うと、⑥式の左辺は

$$2\pi r H = \oint H dr$$

と書くことができる。インテグラルに○がついているが、これは先ほどの式と同様に、電流を囲む閉曲線を１周するように積分する周回積分を意味する。

説明は円でしているが、実は閉曲線の形は円以外でも成立する。

アンペールの法則（⑥式）の右辺の I は、この閉じた磁束線の中心を流れる電流のことである。この電流 I の面密度（断面積あたりの電流値）を j とすると、この閉曲線の中を横切る電流 I は、電流の面密度 j と閉曲線で囲まれた部分の面積 S とのかけ算なので

$$I = \sum j \Delta S$$
$$= \int j dS$$

と書ける。したがって、アンペールの法則は⑥式にここで求めた左辺と右辺を代入して

$$\oint H dr = \int j dS$$

と書き直せる。

これがマクスウェルの方程式の第4式で、電流があるとそのまわりに磁界が生じるというアンペールの法則を表している。

この式を使って、ソレノイドの中の磁界を計算してみよう（図39）。この計算のためには、図の点線のような閉曲

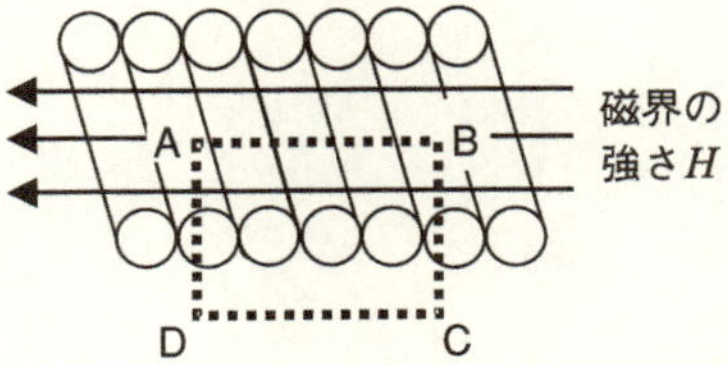

図39　ソレノイドの磁界を計算する

線をとる。辺ADと辺BCを横切る磁界はそれぞれの辺に垂直なので、ここでの磁界はアンペールの法則に寄与しない。辺DC部分は、ソレノイドのすぐそばで、磁束線はもっと遠く離れたところを通ってN極からS極に帰るのでここでの磁界の強さはほぼゼロである。したがって、図の閉曲線に沿った方向の磁界があるのは、ソレノイドの内部の辺ABに沿ったものだけになる。よって、ソレノイド内部の磁界の強さをH、辺ABの長さをLとすると、

$$\oint H dr = HL$$

となる。一方、この閉曲線の内側を横切る電流は、コイルに流れている電流を I とし、長さ1メートルあたりのコイルの巻き数を n とすると、nLI になる。よって、

$$\int j dS = nLI$$

である。したがって、アンペールの法則により、

$$HL = nLI$$

であり、両辺を L で割ると

$$H = nI$$

となる。ソレノイド内部の磁界の強さはコイルの巻き数 n が大きい場合か、電流 I が大きい場合に強くなる。この式は高校の物理では天下りに与えられていた式だった。

マクスウェルによる拡張

このアンペールの法則は、「電流によって、電線のまわりに磁界が生じる」ことを表している。マクスウェルは電流と磁界の関係を考えているうちに、電線のまわり以外の場所でも電磁石として働く場所があることに気づいた。

マクスウェルの思考を追ってみよう。まず、電池と電線をつないだだけの簡単な回路を、考えてみる。この場合、電流を流すと、電線を取り囲むどの閉曲線でもアンペールの法則は成り立つので、電線のまわりにはどこでも磁界が発生する。

次に図40のような、コンデンサーと電池をつないだ回路について考えてみよう。普通のコンデンサーでは、陽極と陰極の間隔はかなり狭いのだが、このコンデンサーの極板の間隔はわざと広く描いている。初めにコンデンサーが充電されていないとすると、電池をつないだ瞬間から電気が回路に流れ始め、コンデンサーが充電されるまで電気は流れ続ける。マクスウェルは、この充電中の状況について考えてみた。

充電中は電気が流れているので、アンペールの法則により電線のまわりに磁界が発生する。マクスウェルが興味を持ったのは、コンデンサーのまわりである。コンデンサーは電気を溜める器械なので、この電極の間を電気が実際に流れているわけではない。陽極と陰極のそれぞれには電線を通じて電荷が供給されるが、この2つの電極の間では実際の電荷は何も移動していない。しかし、マクスウェルは、充電中はこのコンデンサーのまわりにも電線のまわりと同じように磁界が発生するのではないかと推測した。

実際に実験してみると、このコンデンサーのまわりにも磁界が発生することが確認された。とすると、コンデンサーの電極の間では電気が流れているわけではないのに、磁界が発生することになる。では、コンデンサーの2つの電コンデンサーに充電する間を考えましょう。充電されるまでの間は電流が流れます。このとき、電線のまわりにはアンペールの法則により磁界が発生します。それでは、コンデンサーのまわりに磁界は発生するのでしょうか。

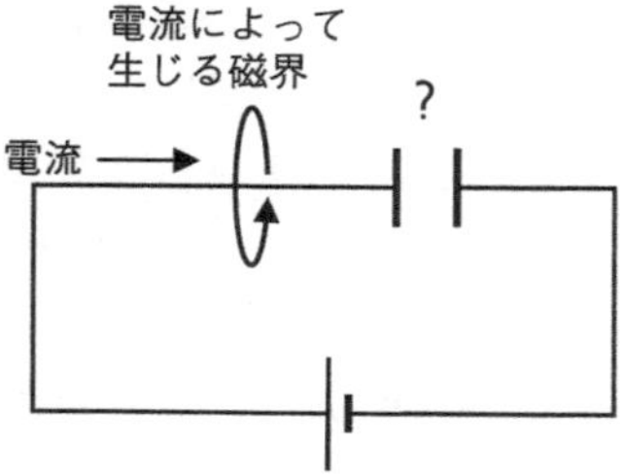

実は、コンデンサーのまわりにも磁界が発生します。
ところが、コンデンサーの2つの電極の間には電流は流れていません。
では、電極の間の何が磁界を生じさせているのでしょうか?

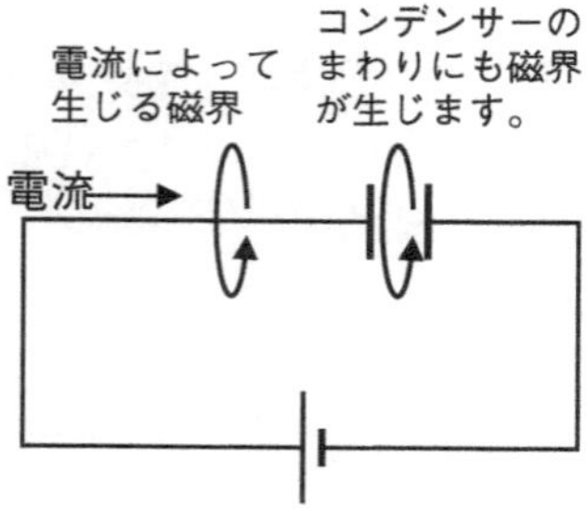

このとき電極の間では電界の強さが変化しています。
すなわち、電界の強さが変化すると、そのまわりに磁界が生じます。これは、電流と同じようにまわりに磁界を発生させるので、マクスウェルはこれを変位電流と名付けました。

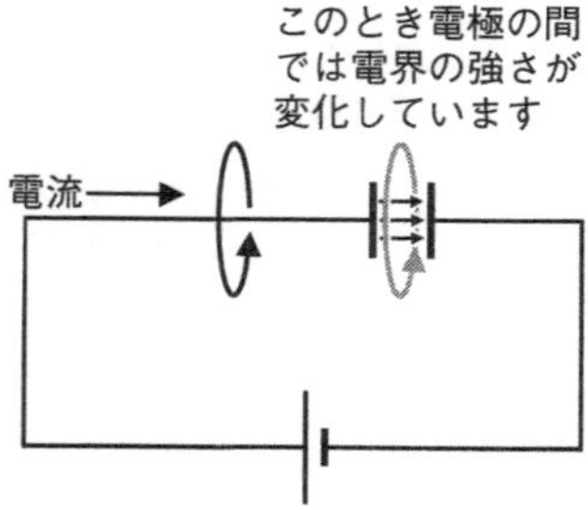

図40　マクスウェルはどう考えたか?

極の間に存在して「磁界を発生させるもの」とは何だろうか。マクスウェルはさらに考えを進めた。

この問題は、コンデンサーの構造に立ち返って考えるとわかりやすい。電気が流れている間、コンデンサーの中の何が変化しているかというと、プラスとマイナスの電極に溜まる電荷が変化している。この電荷が溜まることによって、コンデンサーの電極間の電界が変化する。充電によって電荷が増えると、電極間で引き合うクーロン力が強くなり、コンデンサーの極板の間の電界の強さEが変化するのである。

すなわち、電極の間で変化している「何か」というのは、「電界の強さ」である。「電極の間の電界の強さEが変化するとき、そのまわりに磁界が発生する」という関係が成り立っていることになる。つまり、磁界が発生するのは、電流のまわりだけではなく、電界の強さが変化するときにも、そのまわりに磁界が発生することになる。

では、さらに思考を進めて、この電界の変化とそのまわりに生じる磁界の強さの関係が、どのような式で表されるのか考えてみよう。ここでヒントになるのは、電流Iと電流のまわりに生じる磁界の強さHとの関係を表すアンペールの法則である。

アンペールの法則は、

$$2\pi rH = I$$ （高校の物理のアンペールの法則）

$$\oint H dr = \int j dS$$ （マクスウェルの方程式）

と書けるが、コンデンサーのまわりでも同様の式が成り立つだろうと予想できる。ただし、コンデンサーの電極の間では電流Iが流れているわけではないので、この未知の項をXと置く。物理的には、この項は先ほどの推論から、電界の変化を表すだろうと考えられる。

マクスウェルの方程式では、電流Iではなく電流密度jで表されている。そこで未知の項Xも面密度で表すことにして、jをX/Sで置き換えることにしよう。Sは電極の面積である。したがって

$$2\pi rH = X$$

や

$$\oint H dr = \int \frac{X}{S} dS$$

という関係が成り立つはずである。ここで、この未知の項Xは電流Iを置き換えただけなので、電流と同じ単位を持つはずである。

そこで、この項Xを探り当てるために、充電中にコンデ

ンサーに流れ込む電流 I と電極間の電界の強さ E の間に成り立つ関係を求めよう。

まず、コンデンサーに溜まる電荷 Q と電流 I の間の関係を見てみよう。電流 I をわずかな時間 Δt の間流すと、コンデンサーの電荷は ΔQ だけ増えるので、次のような関係が成り立つ。

$$I\Delta t=\Delta Q$$

同時に、電荷 Q（$=CV$）と電界の強さ E（$=V/d$）の間には、先ほど見たように

$$E=\frac{Q}{Cd}$$

の関係が成立するので、電荷が ΔQ だけ変わったときの電界の強さの変化 ΔE は、

$$\Delta E=\frac{\Delta Q}{Cd}$$

と表される（C や d は定数なので ΔE が変わっても変化しない。このとき変化するのは ΔQ だけである）。

先ほどの　$I\Delta t=\Delta Q$　を I でまとめて、ΔQ をこの式に入れると

$$I=\frac{\Delta Q}{\Delta t}$$

$$=Cd\frac{\Delta E}{\Delta t}$$

となる。コンデンサーの静電容量Cが、

$$C=\varepsilon\frac{S}{d}$$

と表されるので、

$$I=\varepsilon S\frac{\Delta E}{\Delta t}$$

$$=\varepsilon S\frac{dE}{dt}$$

の関係が得られる。

この式は、充電の際の電流Iと、コンデンサーの中の電界Eの時間変化dE/dtをつなぐ式である。電界が時間変化しないときには$dE/dt=0$となり、同時に電流Iもゼロになる。また、右辺は電流と同じ単位（次元）を持つ。そこで、マクスウェルはこの右辺で表される量に**変位電流**と名前をつけた。これが、電流と同じ単位を持つ未知の項Xだと断定したのである。

先ほど述べたように、コンデンサーの２つの電極の間に

は電気は流れていないのだが、この式の右辺の項 $\varepsilon SdE/dt$ は電流と等価であるという意味で「電流」という名前をつけたのである。コンデンサーに流れ込む電流 I のまわりに磁界が発生するように、コンデンサーの電極間に存在する変位電流 $\varepsilon SdE/dt$ によって、コンデンサーのまわりにも磁界が発生する。

マクスウェルの方程式の第4式では、右辺に電流の項しかなかった。しかし、マクスウェルが推論したように、コンデンサーが回路の中に入っているときには、コンデンサーの2つの電極の間のまわりにも磁界が発生する。したがって、この場合にも対応できるようにマクスウェルの方程式を書き換える必要がある。具体的には、第4式の右辺に変位電流の項も加えればよいということになる。

$$
\begin{aligned}
(\text{第4式の右辺}) &= \int jdS + \text{変位電流の項} \\
&= \int jdS + \int \varepsilon \frac{dE}{dt} dS \\
&= \int jdS + \frac{d}{dt} \int \varepsilon EdS
\end{aligned}
$$

したがって、第4式は、

$$\oint Hdr = \int jdS + \frac{d}{dt} \int \varepsilon EdS$$

と書ける。電流があるところでは、右辺の第1項を用い、電界の強さの変化があるところ（例えば、コンデンサーの中）では右辺の第2項を用いる。これがマクスウェルによる拡張である。このためこの式をアンペール-マクスウェルの法則と呼ぶ場合もある。この右辺の第2項の変位電流が、後に電磁波（電波のこと）を考える際に重要になる。

マクスウェルの方程式

これでマクスウェルの方程式がすべてそろったことになる。これをもう一度全部書いてみよう。

$$\int \varepsilon E dS = \int \rho dv$$

$$\oint E dr = -\frac{d}{dt}\int B dS$$

$$\int B dS = 0$$

$$\oint H dr = \int j dS + \frac{d}{dt}\int \varepsilon E dS$$

これに対応して高校の物理で学ぶ式を、確認のためにもう一度書いておこう。

（第１式）　$F=k\frac{q_A q_B}{r^2}$

（第２式）　$V=-\frac{\Delta\phi}{\Delta t}$

（第３式）　磁石のＮ極とＳ極が必ずペアである。

（第４式）　$H=\frac{I}{2\pi r}$

マクスウェルの方程式の基本的な概念は、第４式の変位電流を除けば、高校の物理で学ぶ内容とほとんど同じである。ここまで本書を読んでいただければ、高校の物理とマクスウェルの方程式のつながりがよく理解いただけたのではないだろうか。

これで読者のみなさんは電磁気学の基幹部分を、ほとんどマスターしたことになる。重要な式はあと１つだけ、ローレンツ力（＝アンペールの力）を表す式だけである。

2　電子のベール

電子の発見

マクスウェルの方程式が完成した後で、電気に関する大きな発見があった。それは1897年の「電子」の発見である。発見者は、イギリス人の物理学者J.J.トムソン（1856～1940年）である。

トムソンという名の有名な物理学者はもう１人いて、そちらはウィリアム・トムソン（1824〜1907年）という。どちらもイギリスの学者なので、まぎらわしい存在である。J.J. トムソンは、1906年に創立間のないノーベル賞を受賞している。一方、32歳年長のウィリアム・トムソンは、絶対温度の概念を確立したほか、数多くの業績を残し、貴族の称号を授与された。その際、彼は名前をケルビンに変えたので、その後ケルビン卿と呼ばれるようになった。絶対温度の単位K（ケルビン）は、彼の名にちなんだものである。

J.J. トムソンが電子の発見に使った実験装置とほとんど同じ装置が、私たちの身のまわりにある。トムソンが電子を発見した同じ年に、ドイツのカール・ブラウン（1850〜1918年）が発明した装置、ブラウン管である（図41）。そこで、現在はテレビやコンピューターのディスプレイとして使われているブラウン管の中身を見てみよう。

ブラウン管はガラスのチューブでできていて、内側は真空になっている。力学的には、まわりの空気から相当の圧力が内側に向かってかかっている。ブラウン管のガラスはこの圧力に耐えるように設計されていて、かなり丈夫な構造になっている。ブラウン管の内側には、図のように電極が埋め込まれている。

トムソンは、左の電極にマイナス、右側の電極にプラスの電圧をかけるとガラス管の右端が光ることを発見した。ところが、電極にかける電圧の正負を逆にすると、ガラス管の右端は光らなかった。

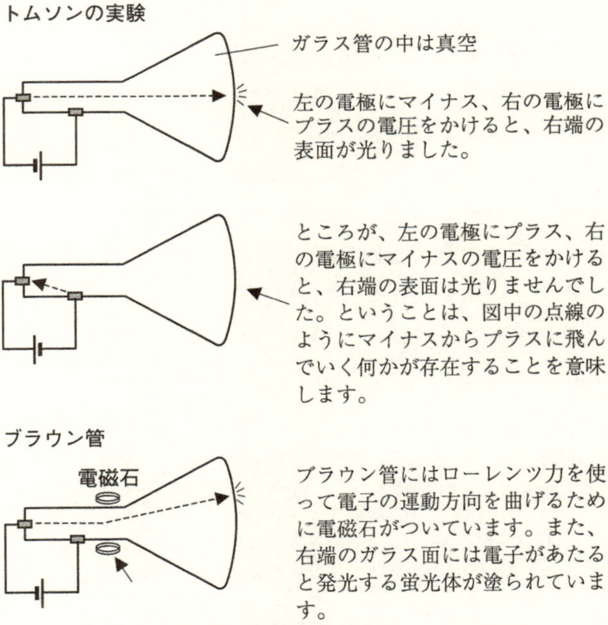
トムソンの実験
ガラス管の中は真空
左の電極にマイナス、右の電極にプラスの電圧をかけると、右端の表面が光りました。
ところが、左の電極にプラス、右の電極にマイナスの電圧をかけると、右端の表面は光りませんでした。ということは、図中の点線のようにマイナスからプラスに飛んでいく何かが存在することを意味します。
ブラウン管
電磁石
ブラウン管にはローレンツ力を使って電子の運動方向を曲げるために電磁石がついています。また、右端のガラス面には電子があたると発光する蛍光体が塗られています。

図41　「電子」を発見したトムソンの実験

最初の配置では、陰極から陽極の方向に向かって飛んでいく「何か」が、陽極にすべては吸収されずに、一部はガラス管の右端まで到達したと考えられる。一方、電極の配置を逆にした場合には、ガラス管の右端は光らなかったわけであるから、陽極から陰極に向かって飛んでいくものはないと結論づけられる。

この「何か」は、陰極から陽極に向かって飛ぶことから、陰極とは反発し、陽極には引きつけられる性質を持っているだろうと考えられる。したがって、マイナスの電気を持っていることになる。

この実験によって、電気を運ぶ「何か」がマイナスの電荷を持っていることが明らかになり、この「何か」が電子（electron）と呼ばれるようになった。それまで、電気はプラスの電荷を持った「何か」が、プラスからマイナスに流れるものと考えられていたが、電子の発見によって、実際はマイナスの電荷を持つ電子が、マイナスからプラスに流れることが明らかになったのである。

フランクリンが最初に決めた電気のプラスとマイナスの定義がもし逆であれば、電子の電荷もプラスとなり、「電流は電子がプラスからマイナスに流れる」と表現できたわけである。もちろんフランクリンの時代に電子を発見するのは不可能だったので、フランクリンが決めたプラスとマイナスの定義は彼のミスではない。そこで、「電子はマイナスからプラスへ流れる」が、「電流はプラスからマイナスへ流れる」と表現することに決まったのだ。

電子の電荷がマイナスであることがわかると、科学者たちは次に、電荷の大きさを調べ始めた。この電荷の測定にはアメリカのミリカン（1868～1953年）が、1909年に水滴で、1912年には油滴を用いて成功した。この実験の説明は割愛するが、その大きさは

$$\mathbf{1.602\times10^{-19}}\textbf{クーロン}$$

であった。

これで長い間の謎だった電気の正体が、ようやく明らか

になったのである。フランクリンやファラデーやマクスウェルも、「電子」の存在を知ることはなかった。電気に関する現象を調べた多くの人たちの努力は、このようにしてようやく電子にたどり着いたのだった。

電流が電子の流れであることがわかったので、簡単に理解できるようになった法則がある。それは1849年に、ドイツのキルヒホフ（1824～1887年）が発見した電流に関する法則である。

キルヒホフの法則は、電線に定常的に電流が流れていて電線が途中で2本に枝分かれしている場合に、「枝分かれする前の電流 I_1 は、枝分かれした後の電流、I_2 と I_3 の和に等しい」というものである。

式で書くと

$$I_1=I_2+I_3$$

となる。電線の中では電子が消えたり、現れたりしないので、枝分かれする前と後でも電子の個数は同じである。したがって、電流の値も枝分かれする前と後で同じであることがわかる。

ローレンツ力

マクスウェルの方程式には、アンペールの力が含まれていなかった。既に述べたようにローレンツ力は、アンペールの力と内容は同じものである。違うのは、アンペールの力は磁界の中にある「電流」に働く力として表されているが、ローレンツ力は磁界の中にある「電荷」に働く力として表されている点である。電流が電子の流れであることがわかったので、この書き換えは容易である。

ここでは、まず磁束密度Bの磁界中にある断面積S、長さLの電線に働くアンペールの力を考えてみよう。この電線の中の電子の密度をnとし、電子の速度をvとする。すでに述べたように、電流は「1秒間に電線の断面を横切る電荷」で定義されている。そこで、1秒間に断面を横切る電子の数は、nSv個である。したがって電子1個の電荷をqとすると、電流は$qnSv$になる。これに働くアンペールの力がIBLであることから

$$
\begin{aligned}
F &= IBL \\
&= qnSvBL
\end{aligned}
$$

となる。断面積S、長さLの電線の中にある電子の個数はnSLなので、nSLで割って電子1個あたりのアンペールの力は

$$\frac{qnSvBL}{nSL} = qvB$$

となる。これがローレンツ力である。

まとめると、電荷qが速度vで運動しているとき、運動方向と垂直方向に磁界をかけると、電子は運動方向と磁界の方向の両者に垂直な方向に力を受け、そのときの力の大

きさFは

$$F = qvB$$

となる。ここで電荷qが正の場合には、ローレンツ力が働く方向はアンペールの法則と同じであり、負の場合はその反対になる。

マクスウェルの4つの方程式と、このローレンツ力を表す式が電磁気学を支配する5つの基本的な方程式である。したがって、電磁気学では、この5つの式を理解すればよいということになる。

このローレンツ力を使うと、ファラデーの電磁誘導の法則を半分だけ説明することができる。「半分？」というと奇妙に感じると思うが、その半分について説明しよう。

考えるモデルは、コの字形の金属の電線であり、その上に金属の横棒が乗った図42のようなモデルである。このコ

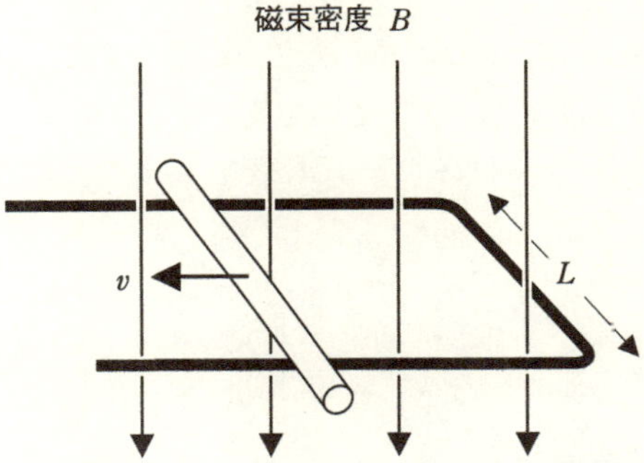

図42　棒に生じるローレンツ力を考えると

の字形の電線には、上から磁界がかかっているとする。そして、金属棒を水平方向に速さ v で動かすとき、金属棒の中の電子に生じるローレンツ力について考えてみよう。

金属棒が速さ v で動いていることから、金属棒内の電子も同じ方向に速さ v で運ばれて（動いて）いる。したがってこのときのローレンツ力は電子1個あたり qvB であり、金属棒と平行の方向に働く。この力は電荷 q の電子に働く力なので、電界の強さに直すと、vB の大きさの電界がかかっているのと等しくなる（$F=qE$ を思い出してほしい）。電界と等価のこの力が働いているのは、金属棒の長さ L の部分なので、金属棒の両端には vBL の電圧が発生する。つまり、コの字形の金属と金属棒でできた回路に、vBL の電圧が発生すると考えることができる。つまり、この場合の電気を流す力の正体は、「ローレンツ力」である。

一方、この起電力を「ファラデーの電磁誘導の法則」を使っても説明できる。すなわち、この動く電線とコの字形電線で囲まれた領域の磁界の変化を計算すると、1秒間にこの閉回路の面積は、vL 増加するので、閉回路に囲まれた領域の磁束は1秒あたり vLB 変化することになる。したがって、

$$
\begin{aligned}
V &= -\frac{\Delta\phi}{\Delta t} \\
&= -vLB
\end{aligned}
$$

となり、この閉回路に生じる起電力の大きさが vLB であることがわかる。これは、先ほどのローレンツ力を使った結果と同じである。したがって、この例では、ファラデーの電磁誘導の法則をローレンツ力を使って説明することができた。これが、最初に述べた説明可能な「半分」である。

しかし、電線の閉回路が静止していて、閉回路内を抜ける磁界の強さが変化する場合は、ローレンツ力では説明できない（図43）。なぜなら、電線の中の電子にローレンツ

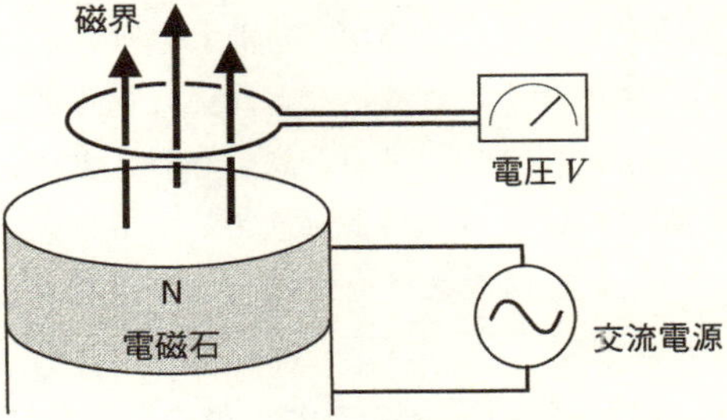

この図では、静止しているコイルのそばに電磁石があります。このとき、電磁石に交流の電気を流すと、発生する磁界の強さも変動します。この場合、コイルの内側の磁界の強さが変化するので、電磁誘導の法則によって電圧が発生します。
しかし、この起電力は、ローレンツ力では説明できません。なぜなら電線にローレンツ力で起電力が生じるためには、図42の例で見たように「磁界の方向」と「電線」とに垂直な方向に電荷が動く必要があるからです。

図43　ローレンツ力では説明できない電磁誘導

力が生じるためには、電線と垂直方向に電荷が動く必要があるが、そうなっていないからである。

マクスウェルはアンペールの力、すなわちローレンツ力をマクスウェルの方程式の中に含めなかったが、図42で説

明した例のような場合のみ、電磁誘導の法則とローレンツ力は統合できる。

3　無限のバトンリレー

マクスウェルの予言に迫る

マクスウェルは4つの方程式を完成させた後で、興味深い予言をした。科学史に有名な「電磁波の予言」である。

電磁波とは普段私たちが「電波」と呼んでいる波のことで、携帯電話やテレビ放送などに見られるように、電波が人類の社会にほどこしている恩恵を数え上げればきりがない。電磁波の際立った特長は遠距離まで情報を運べるという点で、これが人類の住む地球上での距離感を極めて小さなものにした。

ここでは、その「マクスウェルの予言」に迫ってみよう。

彼が注目したのは、方程式の第2式と第4式である。抜き出してもう一度書いてみる。

$$\oint Edr = -\frac{d}{dt}\int BdS \qquad ⑦$$

$$\oint Hdr = \int jdS + \frac{d}{dt}\int \varepsilon EdS \qquad ⑧$$

マクスウェルはこの⑧式で、電流がない場合を考えることにした。電流がない場合、⑧式の j はゼロとなって消え変位電流の項だけ残る。

$$\oint E dr = -\frac{d}{dt}\int B dS \qquad ⑦$$

$$\oint H dr = \frac{d}{dt}\int \varepsilon E dS \qquad ⑧'$$

このように2つ並べて書くとよくわかるが、この2つの式はよく似ている。

この2つの式のそれぞれの意味を思い出してみよう。まず、⑦式は電磁誘導の式だった。磁束が変化すると、そのまわりの閉じた回路に電気が流れるというものだった。

いま電線がない場合を考えると、磁束が変化しても電気は流れない。しかし、この式に書いてあるように電線が元いた場所には、電線の線路にそって電界Eが生じると解釈できる。そこでこの解釈を書いておこう。

・**磁束密度が変化すると、そのまわりに電界が生じる。**

次に、⑧′式を見てみよう。この式の意味は

・**電界の強さが変化すると、そのまわりに磁界が生じる。**

という、アンペール-マクスウェルの法則だった。この2つの式は、電界や磁界の時間微分になっている。

そこで⑦式にしたがって、磁界の変化によって生じる電界の強さを考えてみよう。まず、時間がたつにつれて磁界が単調に増える場合を考えてみる。この場合、時間微分は一定なので、まわりにできる電界の強さは一定になる。この場合、まわりにできる電界に時間変化はないので、⑧′式によるとこの電界によってまわりに新しく磁界が生じることはない。

しかし、おもしろいのはここからである。もし、磁界の時間変化が単調な増加ではなく、サイン波だったらどうなるだろうか。

サイン波を表す式を書いてみよう。

$$H=\sin\theta$$

時間を t で表すと、$\theta=\omega t$ の関係がある。ω が大きいほど波は頻繁に振動し、小さい場合はゆるやかに振動する波を表す。この sin を θ で微分した波の形は、

$$\frac{d\sin\theta}{d\theta}=\cos\theta$$

になる。微分が苦手な読者もいると思うので、図を使ってこの関係を見ておこう（図44）。$\cos\theta$ で表される波もサイン波と呼ぶ。$\sin\theta$ で表される波と $\cos\theta$ で表される波は、

微分は、ある関数の傾きを表します。
$y = \sin\theta$ の微分（傾き）は、$y = \cos\theta$ です。

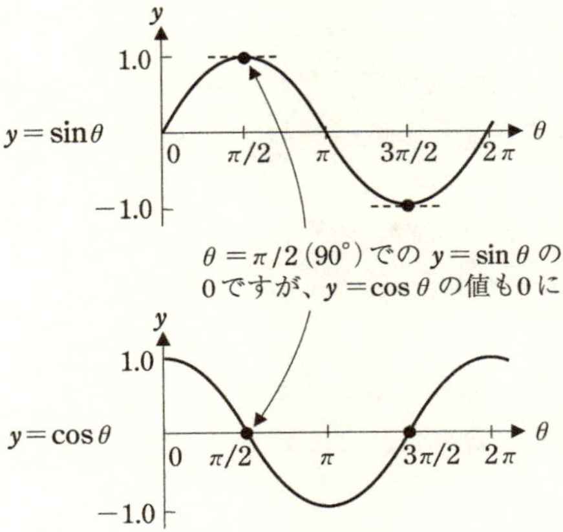

θ＝π/2(90°)での y＝sinθ の傾き(点線)は、
0ですが、y＝cosθ の値も0になっています。

例えば、$\theta = \pi/2$ (90°) や $3\pi/2$ (270°) での $y = \sin\theta$ の傾きは、0ですが、$y = \cos\theta$ の 90° や 270° の値も0になっています。
上の2つのグラフで対応を確かめてください。
また、$\theta = 0$ (0°) や 2π (360°) での $y = \sin\theta$ の傾きは、1ですが、$y = \cos\theta$ の 0° や 360° の値も1になっています。
また、$\theta = \pi$ (180°) での $y = \sin\theta$ の傾きは、−1ですが、$y = \cos\theta$ の 180° での値も −1になっています。
「$y = \sin\theta$ の微分 が $y = \cos\theta$ である」という関係を、式で表すと、

$$\frac{d\sin\theta}{d\theta} = \cos\theta$$

となります。

図44　sinθの微分

時間的にすこしずれているが、波の形は同じだからである。つまり、サイン波の時間微分もサイン波になる。

そうすると、⑦式より磁界によって生じる電界もサイン

波になることがわかる。つまり、電界も時間変化する。だとすると、この電界の時間的変化によって生じる磁界が、⑧′式によって存在することになる。

この磁界は電界の時間微分なので、これもまたサイン波になる。この磁界はまた⑦式にしたがってそのまわりに電界を生じる。

つまり、初めに使う電界か磁界をサイン波にすれば、⑦式と⑧′式の関係を相互に使って

- **電界のまわりに磁界を生じさせる**
- **磁界のまわりに電界を生じさせる**

を無限に繰り返すことが可能になる。この間、一方のまわりにもう一方が生じるので、空間的にはこの波はどんどん広がっていくことになる。これが、マクスウェルが到達した電磁波の概念である。「電界と磁界がお互いに一方を生じながら無限に伝播していく」という無限のバトンリレーのイメージである（図45）。

もちろんここには仮定が含まれている。この概念でもっとも興味深いのは、この電磁波の伝わっていく過程では、電荷や電流や磁極が存在しないことである。あるのは、電界と磁界だけである。したがって、電界や磁界が人間が便宜的に考えた道具ではなく、「実在する存在」であるという仮定が含まれている。

電磁波の実験的な証明に挑んだのが、ドイツのヘルツ（1857〜1894年）だった。1888年、ヘルツは図46のような

電界がサイン波で振動する場合を考えましょう。

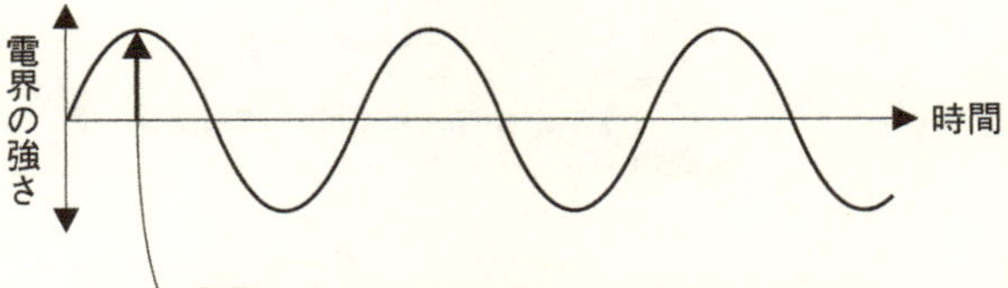

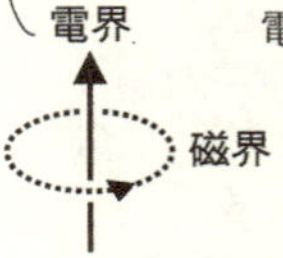

電界のまわりに磁界が生じます。

$$\oint H dr = \varepsilon \frac{d}{dt}\int E dS$$

磁界が時間変化するので電界が生じます。

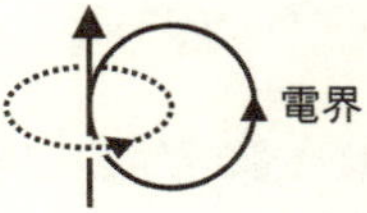

$$\oint E dr = -\mu \frac{d}{dt}\int H dS$$

この電界が時間変化するので磁界が生じます。

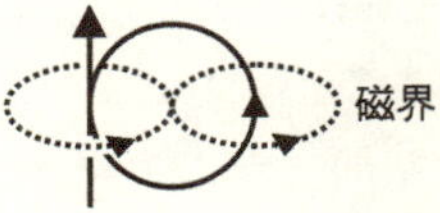

$$\oint H dr = \varepsilon \frac{d}{dt}\int E dS$$

この磁界が時間変化するので電界が生じます。

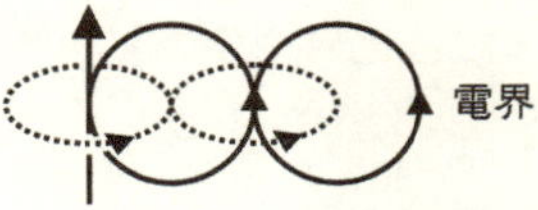

$$\oint E dr = -\mu \frac{d}{dt}\int H dS$$

というように、電界と磁界が交互に伝わっていきます。この場合、左側や前方、そして後方に伝わっていく波もありますが、この図では省略しています。

図45　電界と磁界の無限のバトンリレー

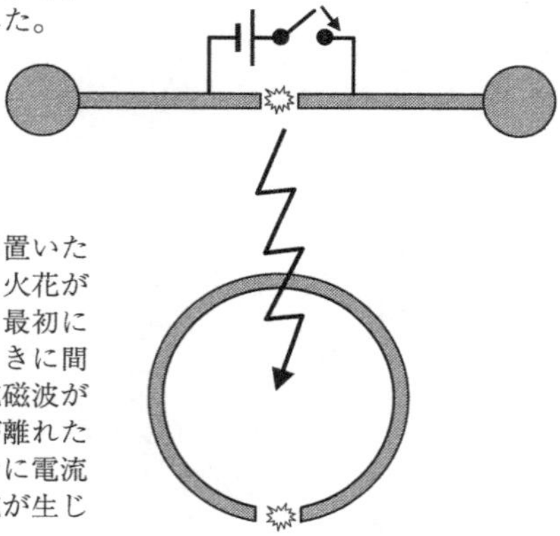
一瞬スイッチをONにして金属の間隙に高い電圧をかけ、火花放電を起こしました。
すると離れたところに置いた金属コイルの間隙にも火花が飛びました。これは、最初に火花放電を起こしたときに間隙の電界が変動し、電磁波が発生し、その電磁波が離れたところに置いたコイルに電流を発生させ、火花放電が生じたからです。

図46　ヘルツが行った電磁波を証明した実験

金属製の電極に、一瞬高い電圧をかけて火花放電を起こした。すると離れたところに置いた金属のコイルの間隙にも、火花が発生した。これは電極に電圧がかかって火花放電が起こる過程で、この電極間で電界の変化が起こり、電磁波が発生し、その電磁波が空間を飛んでコイルに伝わり、火花放電を起こさせるほど強い電流をコイルに発生させた結果である。このヘルツの実験によって、電磁波の存在が実証された。したがって、電界や磁界も人間の想像の産物ではなく、「実在するもの」であることが明らかになったのである。

このヘルツの実験を、私たちも簡単に試すことができる。ヘルツが火花放電を使ったように、静電気による放電を利用するのだ。第１部第１章の人間エレキテルになっ

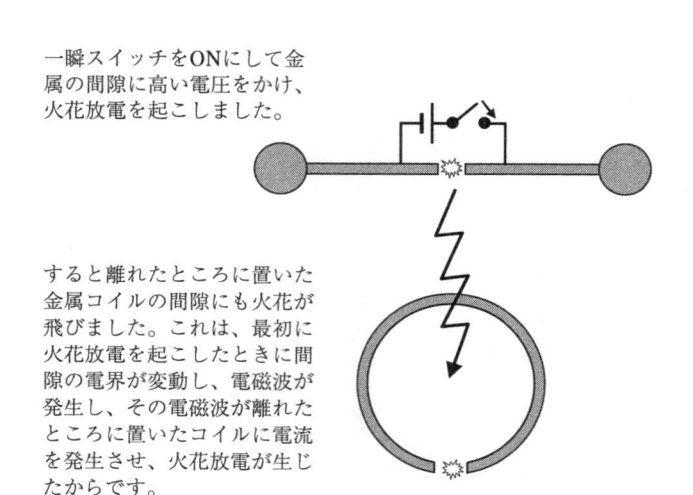

て、火花放電を起こしてみよう。その際、近くにラジオを置いてスイッチを入れておく。そこで火花放電を起こすと、「ガリッ」というノイズが聞こえると思う。このガリッが、火花放電によって生じた電磁波がラジオに届いて出した音である。

ヘルツの実験から7年後の1895年に、イタリアのマルコーニ（1874～1937年）とロシアのポポフ（1859～1906年）は、それぞれ独立に無線通信の実験に成功した。電磁波を情報を伝える手段として利用することに成功したのである。さらにマルコーニは、1899年にドーバー海峡を横断する通信に成功し、1901年にはヨーロッパとアメリカ間の通信に成功した。

20世紀の幕開けと無線通信の幕開けは同時だった。世界を隔てる距離は、いっきょに縮まった。その100年後の現在、一人一人が携帯電話を持てる時代になり、みなさんの生活に多大な恩恵をほどこしていることは言うまでもないだろう。

電磁波と光の関係

マクスウェルは先ほどの2つの式をもとに、電磁波が伝わる様子を表す式を理論的に求めた。そして、その式から、電磁波が伝わる速度が秒速30万キロメートルであることを明らかにした。30万キロメートルというとピンとくる方もいると思うが、光の速度と同じである。

では、なぜ光と電磁波の速度は同じなのだろうか。これは考え方の視点を少し変えれば結論が得られる。つまり、光も電磁波であると考えれば、「なぜ同じなのか？」という質問をせずにすむ。

マクスウェルは、光も電磁波の一種であると考えた。もちろん別の疑問も生じる。光が電磁波であるなら、例えば、ラジオやテレビや携帯電話の電波とどう違うのだろうか？　というものである。光は目で見えるが、ラジオやテレビの電波を見ることはできない。

私たちが日常生活で電波と呼んでいるものと、光と呼んでいるものの違いは波長、すなわち波の１周期の長さである。まず、人間の目で見える光の波長は、0.4マイクロメートル（紫）から0.8マイクロメートル（赤）ぐらいまでである。これは人間の目の中にある光に反応する化学物質が、この波長でしか化学反応を起こさないためである。

それに対して、携帯電話やPHSの波長は15センチメートルぐらいと、格段に長くなる。およそ10万倍もの差がある。テレビの電波になるとさらに長くて3メートル、ラジオでは300メートルなので、長さはまったく異なる。このような長い波長の電磁波に、人間の目の中の化学物質は反応しない。したがって、人間の感覚器官である目にたよっているかぎり、普段「電波」と呼んでいる長い波長の電磁波と「光」はまったく別の存在であるかのように感じられるのである。

では、人間の目はどうして電磁波の中の0.4～0.8マイクロメートルの波長にだけ高い感度を持つのだろうか。実は照明に原因がある。生き物にとっての照明とは、太陽である。日中の太陽光が進化の過程でのもっとも重要な照明だった。0.4〜0.8マイクロメートルの電磁波は地上の日光の中のもっとも強い電磁波なのである。人間の目は太陽光線のもっとも強い波長に感度を持つように進化したわけである。

仮に人間が波長15センチメートルの電磁波を見ることができたとしても、波長と同じ程度の長さより小さなものを見分けることはできないという物理的な解像度の制限があるため、その波長では1センチメートルや2センチメートルの大きさのものを見分けることはできない。小さな獲物は識別できないし、毒蛇や害虫などの区別もできないだろう。したがって、そういう波長の電磁波を捉えられたとしても、人間にとってあまり意味がなかったのである。

光は、地球の空気中ではいろいろなチリや水蒸気や水滴などに吸収されたり反射されたりしやすいので、遠くまできれいに飛ばせない。雨や霧の日に視界が遮られるのはその典型的な例である。ところが、何も相互作用する物体のない真空中では、光や電波も遠くまで届く。

事実、何十光年や何億光年（1光年は、光が1年間飛びつづけてたどり着ける距離）も離れた星の光を、私たちは見ることができる。遠い星からの光が真空の宇宙空間を伝播してくるからである。地球上でも光にとって相互作用のほとんどない媒質中を通過させれば、光を遠くまで伝播させることは可能である。

光にとって相互作用の少ない媒質とは、透明に見える媒質のことである。例えばガラスが透明に見えるのは、ガラスの中を光が通過するときに吸収や散乱をほとんど受けないからである。したがって、長い長いガラスの管を作れば光はその中を宇宙空間と同じように遠くまで届くはずである。

そういうガラスの管のことを、**光ファイバー**と呼ぶ。ただし、普通の窓ガラスよりはるかに透明度の高いガラスである。光ファイバーはガラスの管と言っても、光が通るファイバーの中心部分の太さは数マイクロメートル程度しかなく、そのまわりも含めたファイバーの直径も1ミリ前後の太さである。ファイバー（＝fiber）とは繊維という意味で、ガラスでできているとは思えないほどしなやかに曲がる。今では光ファイバーは世界中のあちこちに張り巡らされていて、その中を膨大な情報が信号として駆け抜けている。日本とアメリカの間にも、太平洋の海底に光ファイバーのケーブルが敷設されている。インターネットでアメリカやヨーロッパのホームページを簡単に見られるのは、この光ファイバーのおかげである。

電磁波の源となるアンテナ

先ほどの図45をながめながら、電磁波の性質について考えてみよう。図からわかるように、電界と磁界は常に垂直になっている。これは、マクスウェルの方程式の第2式と第4式の示す関係が電界と磁界が垂直なときに成立するので、そこから出てきた性質である。

この図では、電界が垂直で磁界が水平だった。これを90度回転させて、電界が水平で磁界が垂直な電磁波でも、マクスウェルの方程式の第2式と第4式を満たす。したがって、電磁波には、電界の向きで区別できる2種類が存在しうる。この2種類以外にも、電界が水平面から45度傾いた電磁波や、進行方向に向かって回転しながら進む電磁波も存在するが、それらは先ほどの2種類の電磁波の足し算として表現できる。この波の振動の向きを偏波と呼び、特に光の場合には偏光と呼ぶ。

電磁波の発生源について考えてみよう。発生源とは、私たちがアンテナと呼んでいるもののことである。マクスウェルの方程式から、アンテナになりうるものは3つあることに気づく。先ほど見たように、時間的に変動する磁界か、電界か、電流を作り出せば、そこから電磁波が発生する。

時間的に変動する磁界を発生させるには、コイルに電流を流してその中の磁界を変動させればよい。時間的に変動する電界を発生させるには、コンデンサーを使えばよいことがわかる。電線の電流を変動させれば、そのまわりに変動する磁界を発生させられるので、電磁波を作れるはずだ(図47)。

アンテナは、電波の発生にも受信にも使える。テレビやラジオのような受信機が信号を拾うには、電磁波の電界や磁界の変化を、電流の変化に変える必要がある。これは先ほどの電波の発生のときに使った3つの関係を、逆に利用すればよいことを意味している。

この3種類のアンテナは、使途によって使い分けられる。例えば、磁界の変化を受信するアンテナは、ラジオのAM放送の受信によく使われている。その次のコンデン

電磁波の発信源（アンテナ）になりうるものは、

・変動する電界
　　か
・変動する磁界

を作り出すものです。したがって、右の回路に変動する電流を流せば、

・電線のまわりには変動する磁界が生じ、
・コンデンサーの内部には変動する電界（変位電流）が生じ、

そのまわりに変動する磁界が生じます。つまり、電線やコンデンサーはアンテナとして働きます。

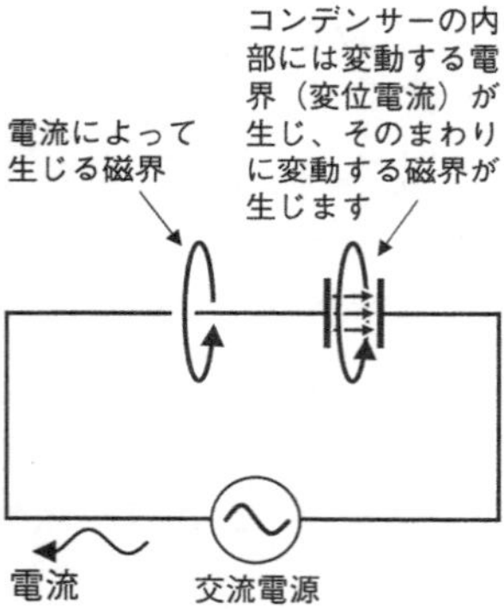

図47　電磁波の原理から3つのアンテナが考えられる

サーを変形したアンテナは、FM放送の受信などに使われる場合が多い。２本のアンテナがペアになっているラジカセを見たことがある人は多いと思うが、それぞれのアンテナがコンデンサーの電極に対応する。

３番目のタイプは、アンテナとは別の意味で重要である。なぜなら、１本の電線の中に信号（正負に変動する電流＝交流）を流すと、その電線のまわりに電磁波が発生することを意味しているからである。

これは、電線による信号の伝達にとって重大な問題であ

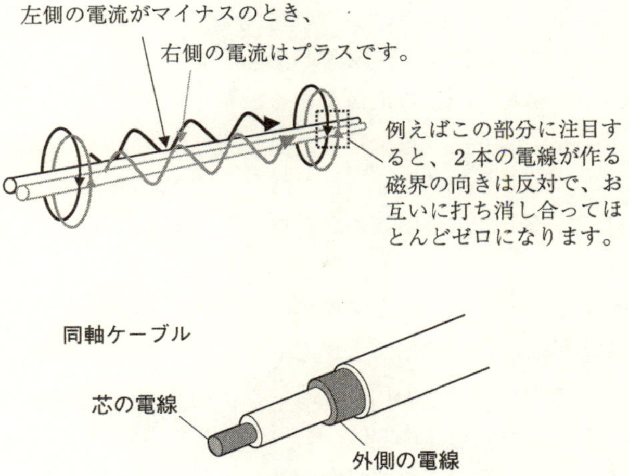
左側の電流がマイナスのとき、
右側の電流はプラスです。
例えばこの部分に注目すると、2本の電線が作る磁界の向きは反対で、お互いに打ち消し合ってほとんどゼロになります。
同軸ケーブル
芯の電線
外側の電線

図48　電線の秘密

る。電磁波が逃げていくということは、エネルギーの保存則から考えて電線の中を伝わる信号の大きさがだんだん小さくなっていくことを意味する。したがって、1本の電線で交流の信号を遠くまで送るのは不可能であることを意味している。したがって、電線を使って信号を遠くに送るには何らかの工夫が必要である。

そのために特別な工夫をした**伝送線路**と呼ばれる電線が使われている。最もよく使われるのは、図48のような2本そろえたケーブルである。「何も特別ではないじゃないか。どこにでもあるケーブルじゃないか」と思う読者も多いと思う。実際、このタイプの電線は普通の家庭用電源のケーブルから電話線まで広く使われている。

このケーブルの特徴は、2本の電線の電荷の間にクーロン力が働いて、電線の部分部分でコンデンサーが形成され、それぞれの電線に正負が反対の信号が流れていくことである。この場合、一方の電線が作る磁界ともう一方の電線が作る磁界は向きが反対なので、打ち消し合って外に漏れる電磁波はかなり小さくなる。ただし、２本の線はわずかに離れているので、電磁波の発生を完全にゼロには抑えられない。

伝送線路としてもっと優れているのは、同軸ケーブルである。同軸という意味は、真ん中の電線と外側の電線の中心が同じである（つまり軸が同じである）という意味である。先ほどの伝送線路では、２つの線路の場所がわずかに異なっているので、両者が作る磁界は完全には打ち消し合わない。それに対して同軸ケーブルでは、内側の電線の中心と外側の電線の中心が同じなので、それぞれの信号が作る磁界がケーブルの外側では完全に打ち消し合う。したがって電磁波が発生しないのである。テレビのアンテナからの電線や、テレビとビデオなどをつなぐ線に使われている。

電波の発生について、特に重要なのはコンデンサーを使った電磁波の発生方法である。コンデンサーはプラスとマイナスの電極からできていて、この２つの間の電界が時間変化するので電磁波が発生する。

コンデンサーのようなプラスとマイナスの電極を持ったものを、**電気双極子**と呼ぶ。双とは文字どおり、「２つ」という意味である。したがって、電気双極子とは「電気の２つの極を持つもの」という意味である。電磁波を発生させる際に重要なのは、電気双極子の間の電界が変化することである。

電気から光への変換

私たちが通常の生活で意識する「電波」と「光」は、相当違うもののように思えるが、マクスウェルによって両者が同一のものであることが明らかになった。人間は暮らしを豊かにするために「光」を様々な形で利用してきたが、現代では「電気」から「光」を取り出すのが普通である。

電気から光を生み出すものとしては、エジソン（1847～1931年）の発明した「白熱電球」が有名である。現在でも電球は大いに活躍しているが、人間はほかの方法による光の取り出しにも挑戦し続けてきた。

20世紀後半になって、発光ダイオードや半導体レーザーが発明された。ヒ化ガリウム（GaAs）のような化合物の半導体で作ったダイオードと呼ばれる素子に、電気を流すと発光する（トランジスタを作る材料としてもっともよく使われているシリコンは発光しない）。この光を出すダイオードを、発光ダイオードと呼ぶ。

みなさんの携帯電話のボタンを光らせたり、渋谷や新宿のビルの壁面を飾る巨大なディスプレイを光らせているのは、この発光ダイオードである。発光ダイオードは電球に比べて電気から光へのエネルギーの変換の効率がよく、また電球のようにガラスで覆われた真空の空間を必要としないので、小さくできるという利点がある。したがって、現在では様々な場所で使われている。

例えば、テレビなどのリモコンもその1つである。リモコンの頭部には、目に見えない赤外線を出す発光ダイオードが、埋め込まれている。したがって、みなさんがリモコンのボタンを押すたびに、この発光ダイオードは光っているのである。しかし目に見えない光なので、光っているのに気づかないのだ。

「光」が電磁波であるのなら、電球や発光ダイオードにもアンテナになる部分があるはずである。しかし、どんなに詳しく電球や発光ダイオードを観察しても、アンテナを見つけることはできない。実はこれらの中では、原子そのものが電気双極子としてアンテナの働きをしているのである。ただし、ラジオやテレビのアンテナと違って非常に小さな世界のできごとなので、その理解には「量子力学」(微小な世界の現象を扱う物理学)の力も借りる必要がある。

発光ダイオードの光の波長は、使用する半導体によって決まる。光の三原色は、赤、緑、青紫の3色で、この3色の発光ダイオードがあれば目に見えるすべての色を表現できる。ただし、これは人間の目にそういう色が見えるというだけであって、例えばこの3色を組み合わせて作った「黄色」と、ほんとうの「黄色」の光の波長は異なっている。

赤と緑の発光ダイオードが開発された後も、青の発光ダイオードはなかなか開発されなかった。青く光る適当な半導体が見つからなかったのである。その壁を最初に打ち破ったのが、中村修二である。

GaN（窒化ガリウム）というほとんど研究者のいなかった材料に着目して、青の発光ダイオードの開発に1993年に成功した。当時この材料を先駆的に研究していたのは赤崎勇と天野浩などの少数の研究者だけだった。渋谷や新宿の巨大なディスプレイできれいなカラー映像が可能になったのはこの青の発光ダイオードが開発されたからである。3人は2014年のノーベル物理学賞を受賞した。

発光ダイオードのほかにも、半導体レーザーが社会の各所で活躍している。半導体レーザーは、発光ダイオードに共振器と呼ばれるものを組み合わせたもので、方向のそろった強い光を得ることができる。1970年に、ソ連のアルフェロフと日本の林厳雄とアメリカのパニッシュがほぼ同時に開発に成功した。アルフェロフは2000年にノーベル物理学賞を受賞した。

半導体を使った電子素子の開発では、このように日本の研究者も大きな貢献をしている。

4　エレクトロニクスへ

オームの法則

マクスウェルの方程式とローレンツ力を理解し、さらに電磁波まで把握した。次に、電気工学やエレクトロニクスにつながる基礎を身につけておこう。

電気工学やエレクトロニクスというと、たじろぐ方もいると思う。しかし、ここで最初に見るのは電池を使った回

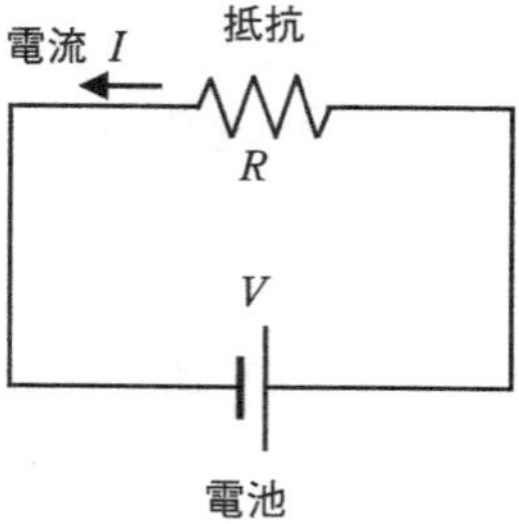

図49　$V=RI$ が成り立つ

路での電圧と電流の話なので心配はいらない。

中学の理科で「オームの法則」を習う。オームの法則とは図49のような電池と抵抗からなる回路を考えたときに、抵抗の両端の電位差Vと、抵抗を流れる電流Iとの間に$V=RI$の正比例の関係があるというものである。ここで比例係数Rを抵抗値と呼び、その単位をオーム（Ω）と呼ぶ。

これは私たちが普段使う電線などで、普通に成り立つ関係である。この関係を発見したのは、高校の教師をしていたプロイセン（現ドイツ）のオーム（1787～1854年）だった。抵抗値の単位も彼の名にちなんだものである。しかし、彼のこの法則は当時のプロイセンでは受け入れられず、当時の文部大臣までオームの法則は荒唐無稽であると断言したほどだった。

このオームの法則が認められたのは、ドイツではなくイギリスの王立協会によってだった。イギリスで認められた結果、ようやく本国でも評価されるようになり、オームは60歳にしてようやくミュンヘン大学の教授になった。

科学上の業績が自国ではなく外国で認められるというのは、フランクリンの場合もそうだが、このようにヨーロッパでも少なくなかったようだ。おそらく無名の研究者の科学上の業績を判断するとき、自国内では「無名である」という偏見に捉われがちになるのだろう。それに対して、外国では無名であるかどうかなどという瑣末な情報は伝わらず、より純粋に科学上の業績のみが伝わるため、客観的に評価されたのだと考えられる。

金属の電線の中でオームの法則は成り立つが、ミクロに見て、金属の中でいったい何が起こっているのだろうか。電池の陽極と陰極を、１本の銅線でつないだ場合を考えてみよう。

この場合、銅線の中には一様な電界Eが生じる。電界Eがある場合には、当然電子に力 $F=qE$ が働く。一定の力が働くということは、どんどん電子が加速されることを意味する。したがって、銅線の電子の入り口である陰極側より、出口である陽極側で電子の速度は速くなると考えられる。ところが、実際の銅線では、入り口と出口で電子の速度は同じである。

この矛盾しているように見える現象は、ある１つの要素を導入することによって解決できる。私たちが見落としていた現象が、銅線の中で起こっているのである。それは**電子の散乱**である。

散乱とは、走っている電子が何かと衝突し、走る方向が曲げられたり、速度が落ちたり、跳ね返されたりする現象である。銅線の中でいちばん多い衝突は、電子と銅線の原子との衝突である。電子と原子が衝突すると、電子は運動エネルギーを失い、そのエネルギーは原子の振動に変わる。原子の振動とは、私たちが「熱」と呼んでいるものである。

銅線の中では、電子は始終原子とぶつかりながら前に進んでいく。このため、電界によってどんどん加速されるのではなく、平均すると一定の速さで進むのである。その間、電界から電子がもらった運動エネルギーは、原子の振動に変わって熱が発生することになる。みなさんが髪を乾かすときに使うドライヤーの中では、ニクロム線が赤熱して熱を出している。ニクロム線が熱を出すのはこの現象が起こっているからである。

この散乱とオームの法則の関係を見てみよう。

まず、電子の散乱と散乱の間の平均の時間をTとする(図50)。この時間Tの間に、電子は電界によって $F=qE$ の力を受けるので、毎秒 qE/m の加速度を受ける。したがって、T秒後の電子の速度は、qET/m になる。

電子の散乱のされ方は様々だが、問題を簡単化して、電子が原子にぶつかるとエネルギーを失って静止すると考えることにしよう。その後また加速され、散乱によって停止し、また、加速されるという過程を繰り返しながら電子は進んでいくと考えるのである。この散乱と散乱の間の等加速度運動の間に移動する距離は 距離$=\frac{1}{2}\times$加速度$\times$(時間)^2 から

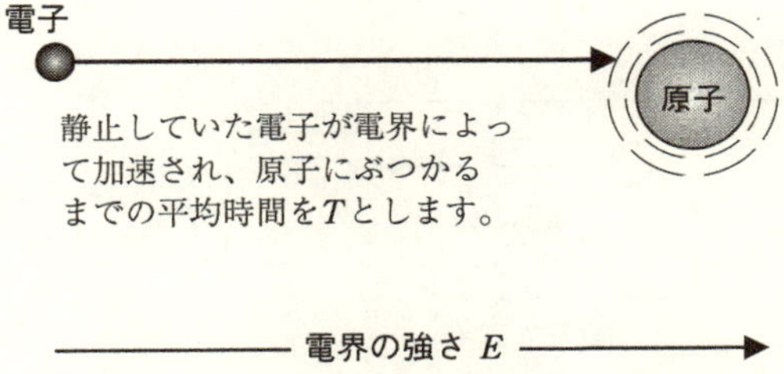
電子
原子
静止していた電子が電界によって加速され、原子にぶつかるまでの平均時間をTとします。
電界の強さ E

図50　散乱から散乱までの時間をTとする

$$\frac{1}{2}\times\frac{qE}{m}\times T^2$$

なので、散乱と散乱の間の平均の速さはこれを時間Tで割って、

$$\frac{1}{2}\times\frac{qE}{m}\times T$$

となる。

ここで電子の密度をρとすると、電流Iは、電荷×密度×速度×断面積 なので（図51）

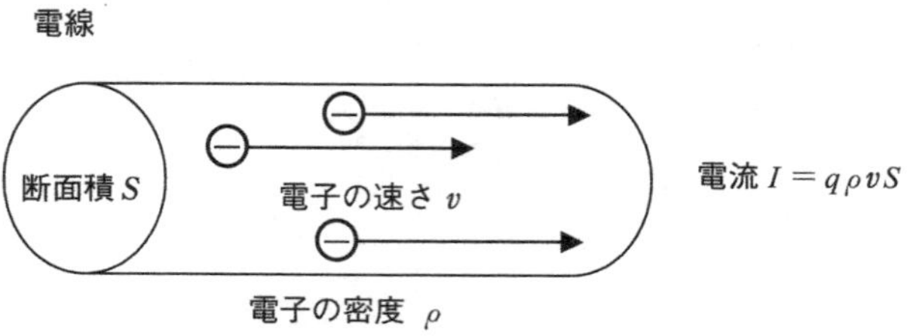
電線
断面積 S
電子の速さ v
電流 $I=q\rho vS$
電子の密度 ρ

図51　電流は（電荷）×（電子の密度）×（速度）×（断面積）

$$I=q\rho S\times\frac{1}{2}\times\frac{qE}{m}\times T$$
$$=\frac{1}{2}\frac{q^2\rho SET}{m} \qquad ⑨$$

となる。いま、長さ l の電線の電位差が V であったとすると、$E=V/l$ なので、⑨式に代入すると

$$I=\frac{1}{2}\frac{q^2\rho SVT}{lm}$$

となる。左辺に V が来るようにこれを書き直すと

$$V=\frac{2lm}{q^2\rho ST}\times I$$

となる。ここで

$$R=\frac{2lm}{q^2\rho ST} \qquad ⑩$$

と置けば、オームの法則

$$V=IR$$

が成り立つことがわかる。

これで抵抗Rの中身が具体的に求まった。そこで、この抵抗Rはどういう場合に小さくなるのかを考えてみよう。

⑩式の分母を見ると、電子の密度ρが大きくなるほど、あるいは、散乱と散乱の間の平均時間Tが長いほど抵抗値は小さくなることがわかる。電子の数が多いほど大きな電流が流れ、したがって、抵抗が小さくなることは直感的に納得できる。また、散乱と散乱の間の平均時間が長いほど電子が加速されて動いている時間が長いわけであるから、平均の速さは大きいので抵抗が小さくなる。

一方、分子を見ると、電子の質量mも小さいほうがよいことがわかる。これは電界によって加速される際に質量が小さいほど加速度が大きくなり、電子のスピードが速くなるからである。電線の長さ l が長くなるほど、断面積 S が小さくなるほど抵抗が大きくなることも、直感的に理解できる。

オームの法則が成り立たないもの

オームの法則によれば、電圧を大きくするほど電流が大きくなり、その関係は正比例になる。この電圧と電流のように、2つの量の関係が直線のグラフで表される関係を、**線形**と呼ぶ。オームの法則は線形で表される典型的な例である。

一方、直線で表せない関係を**非線形**と呼ぶ。電流と電圧の関係が線形で表せないものの代表例は、ダイオードやトランジスタなどの半導体を使った電子素子である。これらの素子は非線形の関係を積極的に使うことで、人間にとって役立つ機器や装置を作り出している。

半導体の中でもオームの法則が成立する場合が多いが、ダイオードやトランジスタでは性質の異なる半導体を接合することによって、その接合面に生じる物理現象を利用して非線形の効果を生み出している。

トランジスタは電気信号の増幅やスイッチとして、様々な分野で使われている。アメリカのバーディーン（1908～1991年）、ショックレー（1910～1989年）、ブラッタン（1902～1987年）によって、1948年に発明された。トランジスタが増幅のために使われるのは、テレビやラジオ、それに携帯電話のように微弱な電波を拾って、映像や音声の情報に変換するときである。また、スイッチとして使われるのは、コンピューターの中での信号処理である。

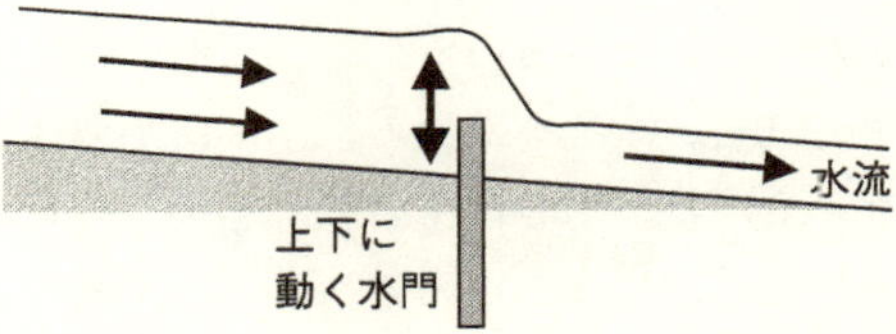

図52　トランジスタのモデル

トランジスタの動作を正確に理解するためには、マクスウェルの方程式が欠かせない。また、半導体の中の物理を理解するために、20世紀に入って発達した統計物理学の知識を必要とする。筆者は、中学生のころからトランジスタの原理に強い興味を持っていたが、大学３年の講義で初めて原理を体系的に学んだ。当時は、念願のトランジスタの秘密がやっとわかるぞ、と喜んで勉強したものである。

トランジスタをモデル化したのが図52である。水が流れる水路と、その水流を遮る水門からできている。ただし水門の形は少し特殊で、底からせり上がる構造になっている。トランジスタを増幅に用いる場合には、この「水門の開き具合」が増幅させたい信号に対応し、「大きく変化した水量」が増幅された信号に対応する。水門の開き具合が少し変わるだけで水量は大きく変化するが、これが増幅作用である。

トランジスタをスイッチとして用いるときには、水門の開閉で、水を流したり止めたりする。実際のトランジスタでは、水流が電流に、水門が電位に対応する。電気の通り道の途中の電位を上下させて、トランジスタを流れる電流を変化させる構造になっている。

電線の中で電子が散乱を受けるように、半導体の中でも電子は散乱を受ける。半導体中の散乱を抑えられれば、電子が滑らかに流れ雑音が少ない優れたトランジスタを作ることができる。

三村高志（1945年〜）と冷水《ひやみず》佐寿《さとし》（1943年〜）は、散乱の少ない高電子移動度トランジスタを1985年に開発した。先ほどの水門のモデルにたとえると、普通のトランジスタでは水路の中に石がごろごろしていて水が滑らかに流れないのだが、このトランジスタは石をきれいに取り除いたトランジスタに相当する。

高電子移動度トランジスタは雑音を抑えて小さな信号を大きく増幅できるため、微弱な信号の受信に適している。静止軌道上の放送衛星から送られてくる電波は非常に弱いので、世界のほとんどの衛星放送受信アンテナには高電子移動度トランジスタが内蔵されている。衛星放送が開始された当初には、各家庭に設置するパラボラアンテナは直径60センチほどの大きなものが使われていた。それが現在では30センチほどのアンテナで十分受信可能になったのは、高電子移動度トランジスタのおかげである。

RC時定数

現在、世界中の通信量は飛躍的に増大している。その中でも、映像、それも動く映像を伝える通信の需要が大幅に伸びている。画像は１枚でも文字の情報に比べると、はるかに大きな情報量を必要とする。ましてや動く映像を伝えるためにはさらに大きな情報量が必要であり、その大きな情報量を伝えるために、高速の電気回路が要求されている。

この章では、オームの法則によって抵抗を理解したが、この抵抗が関わる物理量の中に、電気回路の高速化のために特に重要なものがある。

電気回路の高速化のために重要な量とは、コンデンサーと抵抗に関わる量で、**ＲＣ《アールシー》時定数**と呼ばれている。時定数とは、時間を表す定数という意味である。

コンデンサーは電気回路になくてはならない重要な部品で、さまざまな用途に使われている。第２部の第１章で学んだように、コンデンサーの基本的な働きは電気を溜めたり放出したりすることである。電気を溜めることを充電と呼び、放出することを放電と呼ぶ。このコンデンサーの充電や放電の時間が、回路が動く速さを決める重要な要素になる。

例えば、図53のような簡単な回路を考えてみよう。コンデンサーを充電したり放電したりするためには、電池から抵抗Rを通って電気が流れる必要がある。このとき抵抗の値Rが大きいと電流は少しずつしか流れないので、充電には長い時間がかかることになる。一方、Rが小さければ一度に大量の電気を流せるので充電時間は短くてすむ。また、コンデンサーの静電容量Cが大きいと同じ電圧でも多くの電荷を溜められるので、充電に時間がかかることになる。Cが小さければ、少し電気を流すだけで充電できる。

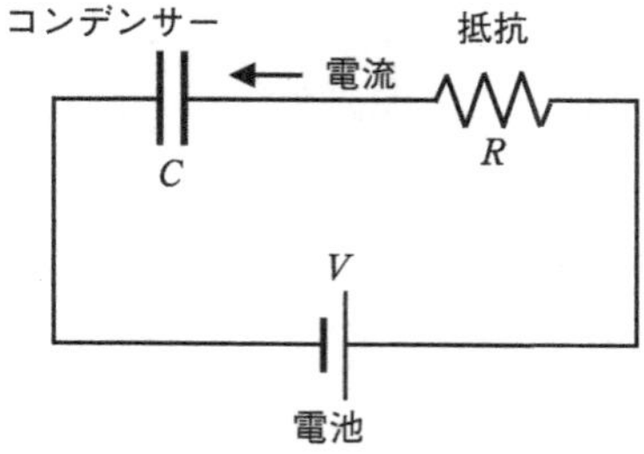

図53　高速化に重要なRC時定数

　このCとRのかけ算をとってみよう。ここで注目するのは、その単位である。$Q=CV$ の関係からわかるように、静電容量Cの単位は、[クーロン] / [ボルト] である。抵抗の単位は [オーム] だが、オームの法則から

[オーム] ＝ [ボルト] / [アンペア]

である。したがって、RC時定数の単位はこのかけ算なので、[クーロン] / [アンペア] になる。アンペアは、1秒間に流れる電荷（[クーロン]）を表すので、その単位は、[クーロン] / [秒] である。したがって、CとRのかけ算の単位は、[秒] になる。

$$[C\times R]=\frac{[\text{クーロン}]}{[\text{ボルト}]}\times[\text{オーム}]=\frac{[\text{クーロン}]}{[\text{ボルト}]}\times\frac{[\text{ボルト}]}{[\text{アンペア}]}$$

$$=\frac{[\text{クーロン}]}{[\text{アンペア}]}=\frac{[\text{クーロン}]}{\dfrac{[\text{クーロン}]}{[\text{秒}]}}=[\text{秒}]$$

このRC時定数は、ここで見たようにコンデンサーの充電時間や放電時間に対応する。したがって、高速の回路を作るにはこのRC時定数が小さい方がよいのである。電気回路の設計者にとっては極めて重要な時定数である。

ちなみに、ここでの計算のように、ある物理量の単位を調べるために単位だけの計算を行うことがあり、これを**次元解析**と呼ぶ。難しい名前がついているが、ある物理量の「単位」が他の物理量の「単位」とどのような関係を持っているかを調べることを意味する。マクスウェルが変位電流を求めるときにも、次元解析の概念を使った。この方法を使えば自分の計算が正しいかどうかを簡便にチェックできるので、読者のみなさんも物理のテストの際などに役立てられるだろう。

現在、エレクトロニクスの研究開発においては、「高速化」「微細化＝集積化」の追究や「新機能」の開発が続けられている。高電子移動度トランジスタや青色ダイオードは、それらの好例である。多くの科学者が切り拓いた電気と磁気の世界は、エレクトロニクスや電気工学の分野で大きな花を咲かせている。今後も、新しい発明や発見が私たちに多くの恩恵をほどこしてくれることだろう。

江戸の人々がエレキテルを見たとき、その中身はまったくのブラックボックスだった。しかし、読者の皆さんはマクスウェルが統合した「電磁気学の世界の基本原理」をマスターしたのである。「エレキの謎を探る旅」は間もなく終わりを迎えるが、新しい科学分野への旅立ちの力を身につけたことになる。

第2部で得られたマクスウェル方程式は積分を使っており、これを「積分形のマクスウェル方程式」と呼ぶ。ここでは、電界や磁界が閉曲面や閉曲線に垂直か平行な場合だけを扱ってきたが、実際には垂直や平行でない場合も起こりうる。その一般的なマクスウェル方程式は付録（212ページ）で紹介しているので、興味のある方はご覧いただきたい。

マクスウェル方程式には微分を使った「微分形のマクスウェル方程式」も存在し、実際には微分形の方がよく使われる。積分形のマクスウェル方程式から微分形のマクスウェル方程式を導く過程は、拙著の『高校数学でわかる相対性理論』の第7章で紹介している。

また、『高校数学でわかる相対性理論』の第8章では、マクスウェル方程式に数学的な変換（ローレンツ変換と言う）を施すことによってローレンツ力を導く過程を詳しく紹介している。

第3部　旅の終わりに

議論に基づく真理の探求

電気と磁気の謎を探る旅をしてきた。フランクリンからマクスウェルにいたる過程で、新しい発見が新しい知識として次々と伝搬していく姿もいっしょに見てきた。この間、多くの場所で議論が行われ、新しい知識はヨーロッパやアメリカに広がっていった。このことは、平賀源内のみが突出し、そこから科学が発展しなかった日本とは大きく異なっている。本書でたどった電気と磁気の例以外でも、欧米での科学の発展にとって議論はとても重要な働きをしたのである。

欧米の文化的な起源の多くは、古代ギリシアまでさかのぼることができる。そのギリシアの文化面での大きな特徴の１つが、対話によって真理に到達する方法の存在である。議論による問題解決法は、哲学者ソクラテス（前470～前399年）が生み出した。

当時のギリシアの弁論家が、相手を説得したり打ち負かすのに弁論術を発展させたのに対して、ソクラテスは真理を把握する手段として議論を利用した。ソクラテスのこのアプローチは、弟子のプラトン（前428～前347年）によって「対話篇」としてまとめられた。現代まで生き残った貴重な著作は、議論を通じて真理に近づこうとするソクラテスの姿勢を生き生きと浮かび上がらせてくれる。

この「議論」の重要性は、現在の日本でも十分には理解されていない。「和を以《もつ》て貴《とうと》しと為す」は聖徳太子の有名な言葉だが、議論の軽視が生む弊害も少なくない。明治になって西洋の文明が輸入されたとき、「和魂洋才」という言葉が使われた。日本の文化面はそのまま保持して、技術や制度のみを輸入するという考え方である。これは当時急速に流入する西洋文明に対して日本人の自尊心を維持するという点で、ある一定の役割を果たした。しかし、積み残したものも多かったのである。「近代科学の輸入」においても、「議論による問題解決法」が現在に至るまで未消化のままである。

国際会議の日本人

科学の分野での議論の場は、「学会」である。とくに世界中の科学者が集まる国際会議は、その貴重な場である。

筆者がドイツのマックス・プランク研究所に留学していたとき、研究所内で学会発表のリハーサルがあった。リハーサルがわざわざ行われるところなどは、日本とドイツに共通である。このとき、留学先のボスであるリューレ博士が、大学院の学生にこう指導していた。

「今度の会議は、1人あたりの発表時間が10分、質疑応答が5分の計15分だ。しかし、10分間も発表に使ってはいけない。むしろ8分ぐらいで終わった方が良い。そうすると、質疑応答の時間を2分増やして7分にできる。質疑応答の方が発表よりはるかに大事だ」

これは、欧米人の会議に対する基本的な考え方を表している。すなわち、会議の目的は質疑応答にあるのであって、発表はその題材にすぎないのである。これは日本人が考えがちな「質疑応答はできなくてもよいから、とにかく発表だけをこなせばよい」という考え方とは大きく異なる。

議論の時間の方を重要とするのは、議論によって真理に到達しようとしたソクラテス以来の、ヨーロッパの伝統に由来している。この議論重視の欧米人の目から見ると、日本人の発表は質疑応答の意気込みや英語の能力が不十分なので、多くの場合評価が低くなる。日本人の研究が海外で評価されにくい１つの理由は、ここにある。

日本人のあまり誉められないもう１つの特徴は、「発表態度」である。欧米人が聴衆を見て胸を張って堂々と発表するのに対して、日本人の場合、聴衆に背中を向けてスクリーンの方を向いて話をする場合が少なくない。また、英語が覚えきれないので、うつむいて原稿をボソボソと読む場合もある。前を向いていても、原稿に目を落としがちな場合も多く見られる。しかも、なぜか手だけはジェスチャーのように小刻みに動かしているという場合がよくあるのである。

これは、学校教育で、自分の意見を聴衆の前で披露するという訓練を受けていないことに大きな原因がある。この種の訓練を経験しているのは、高校や大学で弁論部などのサークル活動に参加した人だけに限られるだろう。この種の訓練を受けていないために、自分の研究をアピールしなければならないのに、ぼそぼそとしゃべってしまったり、あるいは発表の内容を頭に入れていなかったり、あるいはアピールすべきポイントを自分でも理解していなかったりなどということが起こる。

古代ギリシアの伝統にしたがうならば、自分の意見を表明し、それをもとに議論をするというのは極めて重要な問題解決のためのプロセスなので、本来学校教育で学ぶべきもっとも重要なポイントである。日本の学校教育でも、もっとこの種の教育や訓練を積極的に取り入れるべきだろう。

自由について

議論にとって重要なのが、**言論の自由**である。言論の自由とは、発言の内容によって発言者が不利益にならないことを意味する。ソクラテスは、議論を中心とする自らの活動によって、「若者を惑わし、神を敬わない罪」に問われ、死刑の判決を受けた。ソクラテスが若者たちに教えた「議論によって真理を把握する方法」が、当時有識者とみなされていた人々の多くが実は無知であることをさらけ出したため、彼らの反撃を受けたのである。その間のいきさつは『ソクラテスの弁明』として現代まで残っている。「議論」と「言論の自由」はソクラテス以来の不可分の関係なのである。

時代がはるかに下ったガリレオやブルーノも、地動説に反対する教会からの圧力によって、同じ問題に直面した。源内が生きた江戸時代の日本も、同様の問題を抱えていた。『解体新書』の発行にあたって、杉田玄白らは幕府による弾圧の可能性を恐れていた。

現代でも、発言内容によって発言者が不利益をこうむったり、罰せられたりするのであれば、優れた提案の数は減るだろう。また、学会の重鎮に異議を唱えると、自分が不利益になるというのでは、科学の発展は阻害されるだろう。とくに新しい学説は、旧説を打ち破る場合が多いので、学会の重鎮と対決する可能性も高くなる。

日本では伝統的に儒教の影響もあり、目上の人に反駁《はんばく》してはならないという暗黙の雰囲気がある。さすがに現代では、儒教をはっきりと誰も意識してはいないものの、この種の雰囲気に影響されている人も少なくないようである。

筆者はドイツ留学中に、指導教員とドクターコースの学生の間のディスカッションに何度も参加したが、学生が教員の提案に向かって「It's nonsense（ナンセンス）!」とはっきり言うのを何度か見て、たいへん興味を惹かれた。その学生の表現は多少極端だったとは思うが、「nonsense」と言われた教員が別に感情的になるでもなく、科学的な論理にしたがって粘り強く議論を続けたことが、強く印象に残っている。

議論の際に無礼であってはいけないと思うが、真理の前には教員も学生も対等であり、議論によって真理に近づくのだという姿勢は大事である。日本人どうしの議論の場合、感情的になりやすい傾向があり、科学について議論していたのが、いつの間にか「人格対人格の闘い」になる場合が少なくない。

もう1つの自由

科学の発展にとって言論の自由のほかに、より重要な自由が存在する。その自由とは**発想の自由**である。

例えば、第1部第3章で見た近接作用の考えかたで、「物質と空間の間に力が働く」という新しい概念を受け入れたが、ここには「普通の認識」からの大きな飛躍があった。このように、壁を乗り越えるためには自分自身の思考の中に大きな自由が必要である。

新しい学説は、従来の学説では齟齬《そご》をきたす部分に芽生える。その場合、従来正しいと考えられていたことの一部をひっくり返す必要が生じることが少なくない。思考の中に自由がなく旧説にがんじがらめに束縛されていると、その壁を乗り越えられないのである。

自由を論じた学者に、アインシュタイン（1879～1955年）がいる。1930年代のヒトラーによるユダヤ人弾圧を逃れた彼は、言論の自由のような外的な自由の重要性を強く論じた。それと同時に、精神の自由にも強い関心を持った。1940年に書かれた「自由について」という論説からアインシュタインの言葉を拾ってみよう。

「科学や、精神一般の創造的諸活動が発展するためには、さらに別種の自由が必要です。それは内的自由、とでも特徴づけることができましょう。権威あるいは社会的偏見の諸制約や、非哲学的な紋切り型と習慣一般とから思想が独立するのは、精神のこの自由によるのです。この内的な自由を、生まれながらに備えている人々は少ないので、これは個人にとって、一つの価値ある努力の目標となります。しかし社会もまたこの自由の達成については、少なくともそれに干渉しないことによって、大いに貢献することができます。たとえばさまざまな学校は、権威的な影響力を行使し、また青年たちに過剰な精神的重荷を強制することによって、内的自由の発展に干渉することもできれば、また一方、独立不羈の思索を奨励することによって、その自由を助長することもできるわけです。外的、内的自由が間断なく意識的に追求される時にのみ、精神的発展と完成の可能性、また人間の外的、内的生活を改善する可能性が、現存するようになるのです。」(『晩年に想う』アインシュタイン著　中村、南部、市井共訳　講談社文庫より)

この文章には、10代前半に当時の堅苦しいドイツの教育を嫌ってスイスに逃れたアインシュタインの体験が込められている。また、独創的な研究成果を生み出した彼の「精神の自由」に触れた言葉として興味深いものがある。「外的、内的自由を間断なく意識的に追求すること」がアインシュタインの人生を貫く精神の支柱の1つだった。自由の重要性について忘れがちな我々日本人にとって、重要な概念である。

科学の役割

アインシュタインは、また自由に関連して科学の重要な役割について述べている。古代から近世にかけて、人類は多くの迷信や偏見に捉われて生きてきた。それは、「自然」が人間にとって捉えがたく、不条理な存在だったからである。アインシュタインは、科学の重要な役割の1つは、自然界を合理的に把握する力を人類に与えることによって、数多くの迷信から人間の精神を解放することにあると言っている。

私たちが本書でながめてきた電気と磁気の謎を切り拓く歴史も、人類を多くの迷信や偏見から解き放つ旅だった。古代のギリシア人が琥珀にチリが引きつけられるのを見たとき、それを霊による力だと考えた。また、雷が電気であることをフランクリンが実証するまでは、人々の心の中に雷に対する大きな恐怖や畏敬はあっても、それを回避する術はなかった。琥珀の例に見られるように、電気と磁気の世界は、直接目で捉えにくい世界なのでしばしば霊的なものとして誤解されてきたのである。

しかし、電磁気学という思考方法の体系を理解した私たちは、電磁気の世界を合理的にながめられる。数百年間にわたる科学者たちの合理的な精神の活動の結果として、迷信や偏見、そして未知なるものへの恐怖から解放されたのである。

今日でも、一見霊的な現象がテレビや雑誌などのマスコミによって取り上げられることがある。その取り上げ方は極めて非科学的で、古代の人々の自然認識のアプローチとほとんど変わらない。時代は変わっても、論理的な思考方法を身につけなければ、人間の認識方法が未だに原始時代と変わらず、迷信と不条理の世界に迷い込んでしまう、というよい例である。

科学は単なる知識の集積ではなく、合理的に自然を認識するための思考方法の体系である。単に知識を学ぶだけでなく、論理的な思考方法についても学びたいものである。

その後

マクスウェルによって完成された電磁気学だが、その後、アインシュタインによって、波である電磁波が同時に粒子としての性質を持っている（光子と名づけられた）という事実が明らかにされた。さらに量子力学の登場の後、**量子電磁力学**という学問が生まれた。量子電磁力学では、電荷と電荷の間の光子のキャッチボールによってクーロン力が生じると考える。豆電球が光を四方に放つように、電荷がまわりに光子を放ち別の電荷とキャッチボールをするというのである。

自然界を支配する力は本書で触れた**電磁力**と**重力**のほかに、**弱い力**と**強い力**と呼ばれる力があることがわかった。**弱い力**や**強い力**は、原子の中のような極めて小さい領域で働く力なので、私たちの日常生活で目にする力ではない。

宇宙を支配する自然法則は、星や銀河のような大きな世界から、地球上に住む私たち人間のサイズの世界、そして原子や電子のような極めて微小な世界に至るまで、すべて同じはずである。しかし、先ほど述べた電磁力、重力、弱い力、強い力の4つの力の大きさは、対象とする物理現象のサイズによって顕著に現れる場合と、そうでない場合がある。

例えば、重力は質量が大きい天体の動きを表すときには極めて重要だが、質量が小さい原子や原子核を扱うときには、他の力に比べて小さくなるのでほとんど無視できる。一方、弱い力や強い力はその逆で、微小な領域で重要になる。このようにサイズによって顕著に現れる力が異なるため、自然の様相もサイズによって異なる。これを科学の分野では**自然の階層性**と呼んでいる。

現在の大学教育では、量子電磁力学を学ぶ学生はかなり少数である。電磁気学は、重力などほかの相互作用との関係において、さらに根源的な理解が得られる可能性が残されている。人類にとっての電気と磁気の謎を探る旅はまだまだ途上にあると言ってよいだろう。読者のみなさんが新しい１ページを切り拓く可能性も残されている。

しかし、現代社会の様々な科学の分野では、本書で学んだ電磁気学を基礎にすればほとんど間に合う。この知識を有効に活用していただければ、実生活や学問上の理解でも大いに役立つことだろう。さらに、読者のみなさんの心の中に内的自由をも与えてくれることだろう。

付録

これまで説明してきたマクスウェルの方程式は、電界や磁界が閉曲面や閉曲線に垂直か平行な場合だけを扱ってきた。高校の物理を対象とする場合にはそれでほぼ間に合う。

しかし、実際には垂直や平行でない場合も起こりうる。その場合は、内積を使って表現する必要がある。内積とは、2つのベクトル $\vec{A}$ と $\vec{B}$ があって、$\vec{A}$ と $\vec{B}$ のなす角が θ であるとき

$$\vec{A} \cdot \vec{B} = |\vec{A}||\vec{B}| \cos\theta$$

で定義される。ここで、$|\vec{A}|$ や $|\vec{B}|$ はそれぞれのベクトルの絶対値である。

内積を使ったマクスウェルの方程式は

$$\int \varepsilon \vec{E} \cdot \vec{n}\, dS = \int \rho dv$$

$$\oint \vec{E} \cdot d\vec{r} = -\frac{d}{dt} \int \vec{B} \cdot \vec{n}\, dS$$

$$\int \vec{B} \cdot \vec{n}\, dS = 0$$

$$\oint \vec{H} \cdot d\vec{r} = \int \vec{j} \cdot \vec{n}\, dS + \frac{d}{dt} \int \varepsilon \vec{E} \cdot \vec{n}\, dS$$

と表される。ここでベクトル $\vec{n}$ は、閉曲面などの微小な面積 dS に垂直な単位ベクトルである。

ビオ-サバールの法則

本文では、微小な長さの直線状の電線 Δs から垂直に離れた場所の磁界を表す式を紹介した。ここでは、垂直でない場合を紹介する。

電線と角 θ をなす方向に距離 r 離れた点（図54）の磁界

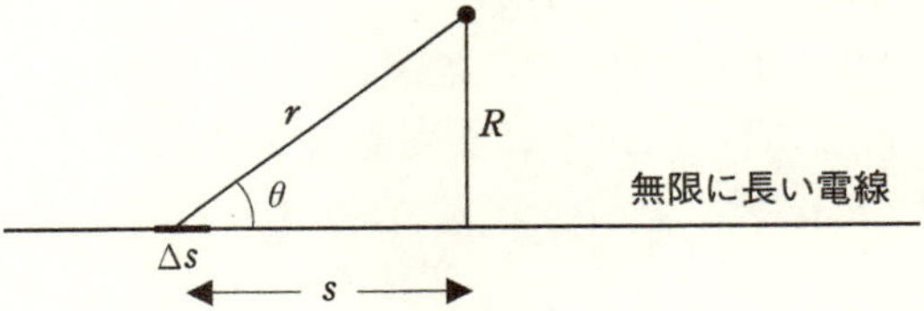

図54　電線に垂直でない場合

の強さを表す式は

$$H = \frac{I \Delta s \sin\theta}{4\pi r^2}$$

である。垂直な場合は $\sin\theta = 1$ で、第1部第4章の式と同じになる。

アンペールの法則は、無限に長い直線電流によるものなので、ビオ-サバールの法則の微小な電線からの磁界の強さを全部足し合わせる必要がある。そこで、これを積分で表すと

$$H=\int\frac{I\sin\theta}{4\pi r^2}ds$$

になる。

「磁界の強さを求めたい点」と「無限に長い直線状の電線」との最短距離をRとし、電線上の最近接点から測った微小な長さの電線Δsへの距離を s とすると（図54）、$s\tan\theta=R$ が成り立つので、これを使って積分を計算すると

$$H=\int\frac{I\sin\theta}{4\pi r^2}ds=\frac{I}{4\pi}\int\frac{\sin^3\theta}{R^2}R\mathrm{cosec}^2\theta\mathrm{d}\theta$$
$$=\frac{I}{4\pi R}\Big[\cos\theta\Big]_{\pi/2}^{0}=\frac{I}{4\pi R}$$

となる。ここでは、左側の無限のかなたにある電線から、最近接点までの積分を計算した。

この最近接点から右側の無限のかなたにある電線の寄与も求める必要がある。その値は左側と同じになるので、トータルではこの2倍の値の $H=\dfrac{I}{2\pi R}$ となる。これは、アンペールの法則と同じである。ただし、この積分は高校生のみなさんには少し難しいだろう。

コンデンサーの電荷分布

68ページの図13では、コンデンサーの内側に電荷が分布

していますが、127ページの図28では、電極の両側に電荷が分布しています。どちらが正しいのか迷う方もいると思いますが、基本的には、図13が正しい図です。図28では、コンデンサーの話だけではなく、実は

A　導体の電荷分布と導体内の電場
B　導体表面の電荷による電場
C　一平面上の電荷が作る電場

の3つの問題も扱っています。これらを整合性よく述べるために、このモデルにしました。ここでは、両面の電荷による電場が電極内部で打ち消しあって静電遮蔽が実現されています。これは、平面状の単一電極の電荷分布の平衡状態であり、上記のAとBを説明するのに都合がよい電荷分布です。

次に、このような2つの電極を近づけると、一方の電極の電荷は、もう一方の電極の影響をうけ（電極の内部に電場が発生するため）、電荷はコンデンサーの内側に移動します。したがって、図28のモデルは、2つの電極を（はるかな無限遠から）近づけた一瞬を表していると言えます。ちなみに、この2つのモデルで違うのは電極の中の電場のみで、コンデンサーの内部と外側の電場はどちらも同じです。

なお、図28では、金属内の静電遮蔽を条件として使ってガウスの法則を用いています。静電遮蔽を用いて電場を求める場合には、どの電荷の電場とどの電荷の電場が打ち消しあって静電遮蔽が実現されているかを見極める必要があります。

あとがき

読者のみなさんと共に、少し長い旅をした。ここで理解したのは、マクスウェルの方程式を中心とする電磁気学の世界である。

電磁気学はその発展の過程で、多くの科学者の活躍があった。このため高校の物理や大学の物理では、物理学者の名を冠した多くの法則が出てくる。先人の功績をたたえる意味では、それらの名を正確に唱えることは大きな意味がある。しかし逆に、彼らの名に拘泥《こうでい》して、後学者が道に迷うというのでは、学問の本質にそわないことになる。

そこで、本書ではかなり的を絞って電磁気学の発展過程を描写するように努めた。一人の読者にとっての物理学の理解の過程と、人類が歴史上で体験した理解の過程は、本質において似通っていると思う。先人に理解し易かった概念は、多くの人にとっても理解し易い概念だろう。本書で意図的に歴史上の発展過程をたどったのはそこに理由がある。

物理という学問の魅力を少しでも伝えたいと思って、昨春『物理が苦手になる前に』（岩波ジュニア新書）を上梓した。前著では、ニュートン力学の本質をできるだけやさしく系統的に紹介することを主要な目的とし、同時に物理学そのものへの認識を深めて欲しいという希望があった。幸い著者の予想をはるかに超える支持をいただき、ぜひ電磁気学もというご要望を多くの方から頂戴した。今回、講談社の梓沢修氏のご尽力によって出版の運びとなったことは著者にとっても大きな喜びである。本書では力学に関する部分の解説は割愛したが、前著を参考にしていただければ幸いである。

本書の基本構成がほとんどできあがったころ、魅力的な実験を通じて物理の楽しさを広める運動を続けている滝川洋二氏（国際基督教大学付属高校教諭）にお会いする機会があった。氏が主宰されている物理の普及をめざすグループはガリレオ工房と名付けられ、いくつかの著書に多くの独創的な実験が紹介されている。本書の実験よりもわかり易く興味深い実験も多いことだろう。滝川氏には、高校での物理教育についてご教示いただいたことに感謝申し上げる。

今夏、筆者は半導体物理国際会議出席のために、マクスウェルの故郷エディンバラに滞在した。世界遺産に指定されたこの美しい町からは、海が見える。源内が長崎の海を見ながら切望した「世界」について、しばし思いをはせる時間を持った。

2002年８月

著者

参考文献

『フランクリン自伝』松本慎一・西川正身共訳　岩波文庫（1982）

『ロウソクの科学』ファラデー著　矢島祐利訳　岩波文庫（1956）

『ソクラテスの弁明　クリトン』久保勉訳　岩波文庫（1950）

『晩年に想う』アインシュタイン著　中村誠太郎・南部陽一郎・市井三郎共訳　講談社文庫（1971）

『歴史をかえた物理実験』霜田光一著　丸善（1996）

『ファラデー』小山慶太著　講談社学術文庫（1999）

『静電気のABC』堤井信力著　講談社ブルーバックス（1998）

『世界大百科事典』平凡社

マルチメディア百科事典『マイペディア』日立デジタル平凡社

『物理学への道　下』斎藤晴男ほか共編　学術図書出版社（1983）

『ファインマン物理学』ファインマン、レイトン、サンズ共著　岩波書店（専門的だが定性的な解説が詳しい）

「II　光・熱・波動」富山小太郎訳（1986）

「III　電磁気学」宮島龍興訳（1986）

「IV　電磁波と物性」戸田盛和（1986）

『ガリレオ工房の身近な道具で大実験』滝川洋二・石崎喜治編著　大月書店（1997）（身近な実験について詳しい）

『物理なぜなぜ事典』江沢洋・東京物理サークル編著　日本評論社（2000）（物理のつまずきやすいところの理解を助ける）

さくいん

【さ行】

【た行】

【な行】

【は行】

【ま行】

【や行】

【ら行】

N.D.C.427　222p　18cm

ブルーバックス　B-1383

高校数学《こうこうすうがく》でわかるマクスウェル方程式《ほうていしき》

電磁気を学びたい人、学びはじめた人へ

2002年 9 月20日　第 1 刷発行
2025年 1 月14日　第29刷発行

著者　竹内《たけうち》　淳《あつし》
発行者　篠木和久
発行所　株式会社講談社
〒112-8001 東京都文京区音羽2-12-21
電話　出版　03-5395-3524
販売　03-5395-5817
業務　03-5395-3615
印刷所　（本文表紙印刷）株式会社ＫＰＳプロダクツ
（カバー印刷）信毎書籍印刷株式会社
製本所　株式会社ＫＰＳプロダクツ

定価はカバーに表示してあります。

ISBN4−06−257383−0

発刊のことば

科学をあなたのポケットに

二十世紀最大の特色は、それが科学時代であるということです。科学は日に日に進歩を続け、止まるところを知りません。ひと昔前の夢物語もどんどん現実化しており、今やわれわれの生活のすべてが、科学によってゆり動かされているといっても過言ではないでしょう。

そのような背景を考えれば、学者や学生はもちろん、産業人も、セールスマンも、ジャーナリストも、家庭の主婦も、みんなが科学を知らなければ、時代の流れに逆らうことになるでしょう。

ブルーバックス発刊の意義と必然性はそこにあります。このシリーズは、読む人に科学的に物を考える習慣と、科学的に物を見る目を養っていただくことを最大の目標にしています。そのためには、単に原理や法則の解説に終始するのではなくて、政治や経済など、社会科学や人文科学にも関連させて、広い視野から問題を追究していきます。科学はむずかしいという先入観を改める表現と構成、それも類書にないブルーバックスの特色であると信じます。

一九六三年九月　　野間省一